QUE SAIS-JE ?

L'analyse des données

JEAN-MARIE BOUROCHE
Directeur scientifique
Groupe CRIF

GILBERT SAPORTA
Professeur au Conservatoire National des Arts et Métiers

Neuvième édition

50e mille

ISBN 2 13 055444 x

Dépôt légal — 1re édition : 1980
9e édition : 2005, décembre

INTRODUCTION

Contrairement à une idée très répandue, les méthodes d'analyse des données ont été élaborées depuis fort longtemps : H. Hotelling, dans les années trente, posait les fondements de l'analyse en composantes principales (1) et de l'analyse canonique (2) en développant les travaux de C. Spearman (3) et de K. Pearson (4) qui dataient du début du siècle.

Jusqu'aux années soixante, ces méthodes étaient perfectionnées et s'enrichissaient de variantes mais toutes restaient inabordables pour les praticiens car elles nécessitaient une masse considérable de calculs. C'est l'apparition, puis l'extraordinaire développement des ordinateurs qui permirent la vulgarisation des techniques statistiques d'analyse des données.

Mais qu'entend-on par « analyse des données » ?

La statistique classique s'est axée sur l'étude d'un nombre restreint de caractères mesurés sur un petit ensemble d'individus. Elle a développé les notions d'estimation et de tests fondées sur des hypothèses probabilistes très restrictives. Cependant, dans la pratique, les individus observés sont fréquemment décrits par un grand nombre de caractères. Les méthodes d'analyse des données permettent une étude globale des individus et des variables en utilisant généralement des représentations graphiques suggestives. Les données peuvent être analysées selon plusieurs points de vue. La recherche des ressemblances ou des différences entre individus peut être un des objets de l'analyse : on considère que deux individus se

(1) H. Hotelling, Analysis of a complex of statistical variables into principal components, *Journal of Educational Psychology*, 1933, vol. 24, 417-441, 498-520.

(2) H. Hotelling, Relations between two sets of variates, *Biometrika*, 1936, vol. 28, 129-149.

(3) C. Spearman, General intelligence objectively determined and measured, *American Journal of Psychology*, 1904, vol. 15, 201-292.

(4) K. Pearson, On lines and planes of closest fit to system of points in space, *Phil. Mag.*, 1901, vol. 2, n° 11, 559-572.

ressemblent lorsque leurs profils selon les différents caractères sont voisins ; il est possible à l'aide d'une méthode factorielle de représenter ces proximités entre individus sur un graphique. Les méthodes de classification permettent de les regrouper en catégories homogènes. La description des relations entre caractères peut être un autre objet de l'analyse : deux caractères sont considérés comme liés ou corrélés s'ils varient de la même façon sur les différents individus. On peut par exemple privilégier un ou plusieurs caractères et chercher à expliciter ses variations en fonction de celles des autres. Lorsque tous les caractères jouent un rôle identique on cherche uniquement à mettre en évidence les groupes de caractères soit corrélés, soit indépendants. Pour cela, on plonge individus et variables dans des espaces géométriques tout en faisant la plus grande économie d'hypothèses et on transforme les données pour les visualiser dans un plan ou les classer en groupes homogènes et ceci tout en perdant le minimum d'information.

Selon le type de problème et la nature des données on choisit la méthode appropriée.

Cette approche multidimensionnelle a connu depuis son apparition opérationnelle une multitude d'applications dans tous les domaines où l'observation de phénomènes complexes est nécessaire : sciences naturelles, sciences humaines, physiques, etc.

La diversité des exemples traités dans cet ouvrage donnera au lecteur une idée de la variété des applications possibles.

Le chapitre premier contient une présentation des données analysées et quelques rappels. Les chapitres II et IV sont respectivement consacrés à l'analyse en composantes principales et à l'analyse canonique, deux méthodes fondamentales depuis Hotelling. Le chapitre V porte sur l'analyse des correspondances, très utilisée en France actuellement. Les chapitres III et VI sont respectivement des introductions aux méthodes de classification et de discrimination. Le champ traité est donc restreint, l'accent étant mis sur les méthodes les plus intéressantes soit pour leur fécondité théorique, soit pour la richesse de leurs applications.

Nous exprimons toute notre reconnaissance à J. Confais de l'Institut de Statistique de l'Université Pierre-et-Marie-Curie (ISUP, Paris VI) qui a traité de nombreux exemples présentés dans ce livre.

Chapitre I

LA NATURE DES DONNÉES : QUELQUES CONCEPTS FONDAMENTAUX

Avant d'aborder la description des principales méthodes d'analyse des données, il est indispensable de préciser les points suivants :

— Quels sont les grands types de données ?

— Comment la statistique traditionnelle les représente-t-elle ?

— Comment mesurer la dépendance entre deux caractères ?

La plupart des méthodes présentées dans ce livre reposent sur l'analyse des liaisons entre caractères observés. Nous rappellerons brièvement les définitions des coefficients classiques – corrélation, χ^2 – largement utilisés dans les chapitres suivants.

I. — Les tableaux de données

On distingue généralement deux ensembles : les *individus* et les *caractères* relatifs à ces individus.

Le terme « individu » peut désigner, selon les cas, l'employé d'une entreprise, un client, un animal, une ville, etc. Il s'agit toujours de l'entité de base sur laquelle l'observateur réalise un certain nombre de mesures. L'ensemble des individus observés peut provenir d'un échantillonnage dans une population (dans le cas d'un sondage) ou il peut s'agir de la population entière. Il faut souligner ici un aspect spécifique de l'analyse des données. En statistique classique, on s'efforce de travailler sur un échantillon d'individus tirés aléatoirement dans une population. Les caractéristiques observées sur l'échantillon permettent d'induire les caractéristiques de la population entière : on prévoit les intentions de vote des Français à partir des intentions exprimées par un échantillon de 1 000 interviewés. L'échantillon doit être tiré selon des règles précises si l'on désire que les inductions effectuées aient quelques chances de se réaliser. En analyse des données on s'intéresse à la structure de l'ensemble des individus observés sans chercher nécessairement à en déduire des lois valables pour la population dont ils sont issus ; en ceci, l'analyse des données se rapproche davantage de la statistique descriptive que de la statistique inférentielle.

Sur les individus on relève un certain nombre de caractères. Par exemple, si l'on considère une enquête, les caractères sont les questions ; s'il s'agit des employés d'une entreprise, les caractères peuvent être : le salaire, l'ancienneté, le diplôme, le sexe, etc. Les caractères observés peuvent être *quantitatifs* ou *qualitatifs*. Un caractère est quantitatif lorsqu'il prend ses valeurs sur une échelle *numérique* : salaire, âge, chiffre d'affaires, taille, poids, etc. Plus précisément, un caractère est quantitatif lorsque l'ensemble des valeurs qu'il prend sur les individus est inclus dans l'ensemble des nombres réels (noté **R**) et que l'on peut effectuer sur le caractère les opérations algébriques habituelles : addition, multiplication par une valeur constante, calcul de moyenne, etc. Un caractère est qualitatif lorsqu'il prend des modalités non numériques : sexe, profession, diplôme, région, niveau hiérarchique, etc.

Les modalités d'un caractère qualitatif peuvent être ordonnées (niveau hiérarchique, niveau de satisfaction), on dit alors que le caractère est qualitatif ordinal. Sinon, on dit qu'il est qualitatif nominal (sexe, couleur, région). Remarquons que sur un caractère qualitatif représenté par ses modalités les opérations algébriques n'ont plus de sens.

Précisons à l'aide de quelques exemples les grands types de tableaux de données que l'on analyse dans la pratique.

1. **Tableaux individus × caractères.** — Les données peuvent être représentées dans un tableau explicitant les caractères des individus.

		CARACTÈRES					
		Age x^1	*Revenu imposable* x^2	…	*Salaire brut* x^j	…	*Ancienneté* x^p
INDIVIDUS	1	x_1^1	x_1^2	…	x_1^j	…	x_1^p
	2	x_2^1	x_2^2	…	x_2^j	…	x_2^p
		…	…				
	i	x_i^1	x_i^2	…	x_i^j	…	x_i^p
		…					…
	n	x_n^1	x_n^2	…	x_n^j	…	x_n^p

Dans l'exemple précédent p caractères quantitatifs ont été observés sur n individus. Les p caractères sont notés x^1 = âge, …, x^j = salaire brut, …, x^p = ancienneté.

Sur le i-ème individu, les caractères « âge », « salaire » et « ancienneté » prennent les valeurs numériques x_i^1, x_i^j et x_i^p.

Sur les mêmes individus, on aurait pu observer les caractères « sexe », « niveau hiérarchique », « situation matrimoniale ».

Pour leur traitement numérique, ces caractères qualitatifs sont représentés sous forme d'un tableau de variables indicatrices prenant les valeurs 0 ou 1. On dit alors que les données sont représentées sous forme disjonctive complète.

		CARACTÈRES							
		Sexe		*Niveau hiérarchique*			*Situation matrimoniale*		
		Masculin	*Féminin*	*Ouvrier, employé*	*Maîtrise*	*Cadre*	*Marié*	*Céliba-taire*	*Veuf, divorcé*
INDIVIDUS	1	1	0	0	1	0	1	0	0
	2	0	1	1	0	0	1	0	0
	…								
	i	1	0	0	0	1	0	1	0
	…								
	n	0	1	1	0	0	1	0	0

Dans le tableau précédent, trois caractères qualitatifs sont observés sur n individus. Ces caractères ont, au total, huit modalités. Par exemple, l'individu i est un homme, cadre, célibataire. Cette représentation des caractères qualitatifs permet de les assimiler à des caractères quantitatifs prenant les valeurs 0 et 1. Cette pratique sera justifiée par la suite ; on en verra également la fécondité puisque tout tableau de données contenant simultanément des caractères quantitatifs et qualitatifs peut être représenté ainsi. En effet un caractère quantitatif peut être rendu qualitatif par découpage en classes de ses valeurs (classes de revenu, classes d'âge, etc.), puis représenté sous forme de variables indicatrices.

Notons que, sur les caractères qualitatifs ainsi transformés en variables indicatrices les opérations algébriques deviennent licites.

2. **Tableaux de contingence.** — Un tableau de contingence contient les fréquences d'association entre les modalités de deux caractères qualitatifs. On peut par exemple considérer le tableau croisé des catégories socioprofessionnelles (neuf modalités) avec les arrondissements de Paris (vingt modalités). Une case (i, j) de ce tableau contient le nombre d'individus habitant le quartier i et exerçant la profession j. Dans un tel tableau les individus ont été regroupés et ne peuvent plus être distingués. On peut concevoir une autre représentation des mêmes données concernant l'entité individuelle « habitant de Paris ». A chacun des deux caractères nominaux on associe un tableau de variables indicatrices (une variable par modalité), en ligne on représente les habitants de Paris.

Une ligne ne contient alors que des 0 sauf dans les colonnes correspondant respectivement au quartier et à la catégorie de l'individu considéré où l'on trouve des 1. Si nous désignons par X_1 et X_2 les deux tableaux d'indicatrices, notons que le tableau de contingence est le résultat du produit matriciel : ${}^tX_1X_2$ où ${}^tX_1$ est la matrice transposée de X_1.

Exemple :

$$X_1 = \begin{bmatrix} 1\,0\,0 \\ 0\,1\,0 \\ 0\,1\,0 \\ 1\,0\,0 \\ 0\,0\,1 \\ 0\,0\,1 \\ 0\,1\,0 \\ 0\,0\,1 \end{bmatrix} \qquad X_2 = \begin{bmatrix} 1\,0 \\ 1\,0 \\ 0\,1 \\ 1\,0 \\ 0\,1 \\ 0\,1 \\ 1\,0 \\ 1\,0 \end{bmatrix} \qquad {}^tX_1X_2 = \begin{bmatrix} 2\,0 \\ 2\,1 \\ 1\,2 \end{bmatrix}$$

3. **Tableaux de proximité.** — Étant donné un ensemble d'objets, on dispose d'une mesure de ressemblance ou de dissemblance entre tous les objets pris deux à deux. Il s'agit par exemple du tableau des distances entre les principales villes de France ou bien de ressemblances perçues par un sujet entre différents stimuli. Un tel tableau est généralement symétrique et contient des nombres positifs analogues à des distances (ou à des inverses de distances) bien que n'en possédant pas toujours les propriétés axiomatiques, en particulier l'inégalité triangulaire. En effet, au sens mathématique du terme, une distance d doit vérifier les trois propriétés :

(i) $d(a, b) = 0 \Leftrightarrow a = b$;
(ii) $d(a, b) = d(b, a)$ (symétrie) ;
(iii) $d(a, b) \leq d(a, c) + d(b, c)$
(inégalité triangulaire).

Si (iii) n'est pas vérifiée, on dit plutôt que d est une dissimilarité.

II. — Réduction des données

La statistique nous a habitués à des représentations synthétiques des données (1), tout au moins lorsque l'on s'intéresse à un caractère unique. Les termes d'histogrammes, de moyenne, de variances, d'écart type sont (presque) passés dans le langage commun. Rappelons rapidement leurs définitions qui nous seront utiles par la suite.

Lorsque l'on observe un caractère qualitatif sur un ensemble d'individus, la première tâche consiste à compter le nombre d'individus dans chaque modalité. Par exemple 6 800 individus sont classés par Anemon *(Zur Anthropologie der Badener)* suivant la couleur de leurs cheveux :

Modalité	*Blonds*	*Bruns*	*Noirs*	*Roux*	*Total*
Fréquence	2 829	2 632	1 223	116	6 800
Pourcentage	41	39	18	2	100

Si le caractère observé est quantitatif, il est habituel d'en tracer un histogramme afin de synthétiser les observations recueillies.

On peut également calculer sa valeur moyenne :

Formellement, si le caractère x prend les valeurs $x_1, \ldots, x_i, \ldots, x_n$, on calcule la moyenne $\overline{x}$ par :

$$\overline{x} = \frac{1}{n} \sum_{i=1}^{n} x_i.$$

Si chaque observation est munie d'un poids $p > 0$, tel que $\sum_{i=1}^{n} p_i = 1$, on a :

$$\overline{x} = \sum_{i=1}^{n} p_i x_i.$$

(1) On lira avec profit l'ouvrage de A. Vessereau, *La statistique*, coll. « Que sais-je ? », n° 281.

Caractériser un ensemble de nombres par sa moyenne est insuffisant.

Ainsi les dix valeurs suivantes 3 100, 2 500, 2 800, 3 200, 4 000, 2 500, 3 000, 2 700, 3 000, 2 900 représentant les salaires de dix individus ont pour moyenne 2 970. Mais les dix valeurs suivantes 1 800, 2 000, 1 900, 4 500, 6 000, 5 000, 1 600, 2 400, 2 500, 2 000 ont aussi pour moyenne 2 970. Il est clair cependant que la deuxième série n'est pas semblable à la première. Les valeurs sont plus dispersées. Pour quantifier la dispersion des valeurs, on utilise la variance :

$$s^2 = \frac{1}{n} \sum_{i=1}^{n} (x_i - \overline{x})^2 \quad \text{ou} \quad s^2 = \sum_{i=1}^{n} p_i (x_i - \overline{x})^2.$$

L'écart type est égal à la racine carrée de la variance. Il est exprimé dans la même unité que le caractère.

La variance et l'écart type sont d'autant plus forts que les valeurs de x sont plus dispersées. Ainsi, dans notre premier exemple on a :

$$s^2 = 168\ 100$$
$$s = 410$$

tandis que dans le deuxième :

$$s^2 = 2\ 246\ 100$$
$$s = 1\ 498{,}70.$$

III. — Liaison entre deux caractères

1. **Liaison entre deux caractères quantitatifs.** — La plupart des méthodes présentées par la suite reposent sur l'analyse des dépendances linéaires entre les caractères observés.

Pour préciser cette notion de dépendance, nous allons introduire le coefficient de corrélation linéaire qui mesure l'intensité de la liaison entre deux caractères quantitatifs en raisonnant sur l'exemple suivant.

On a relevé pour $n = 10$ appartements deux caractères qui sont le prix de vente en milliers de francs et la surface en mètres carrés :

surface : x
28 ; 50 ; 55 ; 60 ; 48 ; 35 ; 86 ; 65 ; 32 ; 52 ;
prix : y
130 ; 280 ; 268 ; 320 ; 250 ; 250 ; 350 ; 300 ; 155 ; 245.

Le nuage des 10 points semble effilé le long d'une droite et il paraît raisonnable, si l'on veut prévoir le prix en fonction de la surface, de poser une formule $y = ax + b + u$ où u est une variable d'erreur. Les coefficients a et b sont obtenus par la méthode des moindres carrés, c'est-à-dire choisis de façon à rendre minimale la somme $\sum_{i=1}^{n} (u_i)^2$.

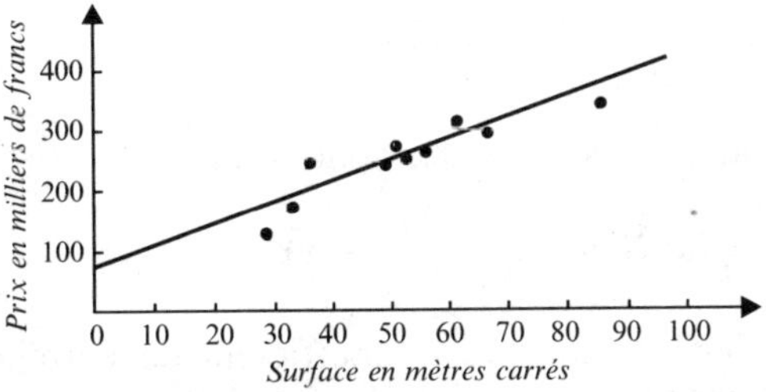

La droite des moindres carrés est définie par l'équation :

$$\hat{y} = 3{,}524\,x + 74{,}707.$$

Elle passe par le point « centre de gravité » de coordonnées :

$$\bar{x} = 51{,}1 \quad \text{et} \quad \bar{y} = 254{,}8.$$

On montre que le rapport :

$$\sum_{i=1}^{n} u_i^2 \;/\; \sum_{i=1}^{n} (y_i - \bar{y})^2 \quad \text{est toujours inférieur à 1.}$$

On pose ce rapport égal à $1 - r^2$ et r est le coefficient de corrélation linéaire avec pour signe celui de la pente de la droite. Si $r = 0$, la droite est horizontale, autrement dit, la valeur de x ne joue aucun rôle pour prévoir y. Si $r = \pm 1$, la prévision est parfaite car les écarts u_i sont nuls ; le coefficient de corrélation r est d'autant plus grand (en valeur absolue) que la valeur d'un caractère implique celle de l'autre, à condition que la relation entre ces caractères soit linéaire. Dans l'exemple précédent r valait 0,89.

Dans cet exemple, les caractères y (prix) et x (surface) ne jouent pas des rôles symétriques ; on montre cependant facilement que la régression de x sur y conduit à la même valeur de r.

Cette symétrie entre x et y dans le calcul de r apparaît de façon évidente si l'on introduit une autre interprétation du coefficient de corrélation linéaire.

Pour cela, on définit la covariance entre les caractères x et y par :

$$s_{xy} = \frac{1}{n} \sum_{i=1}^{n} (x_i - \bar{x})(y_i - \bar{y})$$

ou, lorsque les individus sont pondérés :

$$s_{xy} = \sum_{i=1}^{n} p_i (x_i - \bar{x})(y_i - \bar{y})$$

on montre alors que le coefficient de corrélation r s'obtient par :

$$r(x\,;y) = \frac{s_{xy}}{s_x\, s_y}$$

où s_x et s_y sont respectivement les écarts types des caractères x et y.

2. **Liaison entre deux caractères qualitatifs.** — Pour mesurer la dépendance entre deux caractères qualitatifs, la statistique classique nous propose de calculer le χ^2 de contingence. Cet indice est largement utilisé en analyse des données, principalement en analyse des correspondances. Comme nous l'avons vu, l'observation de deux caractères qualitatifs sur un ensemble d'individus permet de construire un tableau de contingence. Ainsi, on a observé

sur 390 salariés d'une entreprise le niveau hiérarchique et l'origine sociale. On obtient le tableau suivant :

	Origine sociale				
	Cadres	*Agriculteurs*	*Ouvriers Employés*	*Autres*	*Total*
Niveau hiérarchique :					
Ouvrier, employé	11	14	107	75	207
Maîtrise	1	10	60	31	202
Cadre	23	2	16	40	81
Total	35	26	183	146	390

Soit n_{ij} l'effectif figurant à l'intersection de la ligne i et de la colonne j.

Posons $n_{i\bullet} = \sum_j n_{ij}$, $n_{\bullet j} = \sum_i n_{ij}$ les effectifs marginaux et n l'effectif total.

On calcul la quantité :

$$D^2 = \sum_{i,j} \frac{\left(n_{ij} - \frac{n_{i\bullet} n_{\bullet j}}{n}\right)^2}{\frac{n_{i\bullet} n_{\bullet j}}{n}} = n\left[\sum_i \sum_j \frac{n_{ij}^2}{n_{i\bullet} n_{\bullet j}} - 1\right]$$

Dans notre exemple, $D^2 = 69{,}2$.

Supposons que les deux caractères observés soient indépendants, c'est-à-dire que la connaissance de l'un d'entre eux n'apporte rien à la connaissance de l'autre.

Dans ce cas, la probabilité p_{ij} d'avoir simultanément les modalités i et j ne dépend que des probabilités marginales p_i p_j d'avoir la modalité i

et la modalité j. On aura en fait $p_{ij} = p_i \times p_j$, ou $p_{ij} - p_i p_j = 0$.

Sur nos données, p_{ij} est estimé par n_{ij}/n, p_i par $n_{i.}/n$ et p_j par $n_{.j}/n$.

Si les deux caractères sont indépendants on voit que les numérateurs de D^2 : $(n_{ij} - n_{i.}n_{.j}/n)^2$ seront voisins de 0.

En fait, on montre que dans ce cas, si l'échantillon a été tiré au hasard D^2 suit une loi du χ^2 à $(p-1)(q-1)$ degrés de liberté, où p et q sont les nombres de modalités des deux caractères.

La lecture d'une table du χ^2 à 6 degrés de liberté nous montre que, s'il y a indépendance, D^2 a 99 % de chances d'être compris entre 0 et 16,81. Or nous avons $D^2 = 69{,}2$ et nous sommes donc amenés à rejeter l'hypothèse d'indépendance.

3. **Liaison entre un caractère quantitatif et un caractère qualitatif.** — Un caractère quantitatif y est lié fonctionnellement à un caractère qualitatif y si les n_1 individus ayant la même modalité 1 de x ont tous la même valeur y_1 de y, les n_2 individus ayant la modalité 2 de x ont tous la même valeur y_2 de y, etc.

Inversement, l'absence de corrélation est définie par l'égalité des moyennes $\overline{y_1}$, $\overline{y_2}$, ..., $\overline{y_q}$ de chaque classe.

L'intensité de la liaison est mesurée par le rapport de corrélation η défini par :

$$\eta^2 = \frac{\text{variance des } \overline{y_i}}{\text{variance de } y}$$

η varie de 0 (absence de corrélation) à 1 (dépendance fonctionnelle).

Chapitre II

L'ANALYSE EN COMPOSANTES PRINCIPALES

Cette méthode a pour objet la description des données contenues dans un tableau individus-caractères numériques : p caractères sont mesurés sur n individus.

Nous la considérons comme la méthode de base de l'analyse des données ; la lecture de ce chapitre est donc indispensable pour la suite de l'ouvrage d'autant plus que c'est ici que sont introduits les concepts fondamentaux d'espace des individus et d'espace des caractères.

I. — Présentation de la méthode

Lorsqu'il n'y a que deux caractères x^1 et x^2, il est facile de représenter, sur un graphique plan, l'ensemble des données : chaque individu e_i est alors un point de coordonnées x_i^1 et x_i^2 et le simple examen visuel de l'allure du nuage permet d'étudier l'intensité de la liaison entre x^1 et x^2 et de repérer les individus ou groupes d'individus présentant des caractéristiques voisines :

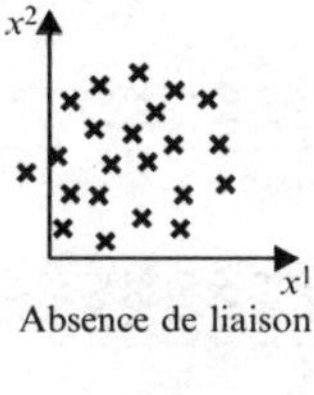

Absence de liaison

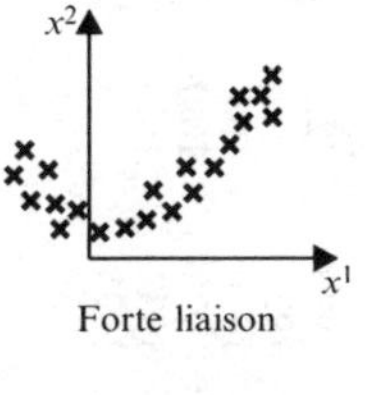

Forte liaison

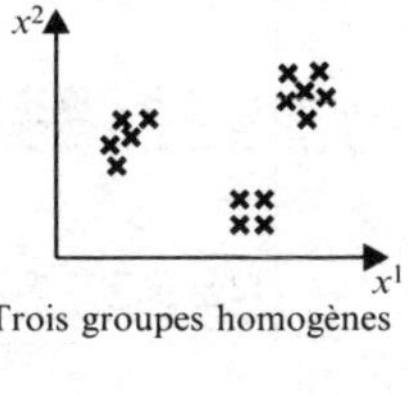

Trois groupes homogènes

La structure fonctionnelle des dépenses de l'État (1872-1971) (en %)

	Pouvoirs publics PVP	*Agriculture AGR*	*Commerce et industrie CMI*	*Transports TRA*	*Logement et aménagement du territoire LOG*	*Éducation et culture EDU*	*Action sociale ACS*	*Anciens combattants ACO*	*Défense DEF*	*Dette DET*	*Divers DIV*	*Total*
1872	18,0	0,5	0,1	6,7	0,5	2,1	2,0		26,4	41,5	2,1	100
1880	14,1	0,8	0,1	15,3	1,9	3,7	0,5		29,8	31,3	2,5	100
1890	13,6	0,7	0,7	6,8	0,6	7,1	0,7		33,8	34,4	1,7	100
1900	14,3	1,7	1,7	6,9	1,2	7,4	0,8		37,7	26,2	2,2	100
1903	10,3	1,5	0,4	9,3	0,6	8,5	0,9		38,4	27,2	3,0	100
1906	13,4	1,4	0,5	8,1	0,7	8,6	1,8		38,5	25,3	1,9	100
1909	13,5	1,1	0,5	9,0	0,6	9,0	3,4		36,8	23,5	2,6	100
1912	12,9	1,4	0,3	9,4	0,6	9,3	4,3		41,1	19,4	1,3	100
1920	12,3	0,3	0,1	11,9	2,4	3,7	1,7	1,9	42,4	23,1	0,2	100
1923	7,6	1,2	3,2	5,1	0,6	5,6	1,8	10,0	29,0	35,0	0,9	100
1926	10,5	0,3	0,4	4,5	1,8	6,6	2,1	10,1	19,9	41,6	2,3	100
1929	10,0	0,6	0,6	9,0	1,0	8,1	3,2	11,8	28,0	25,8	2,0	100
1932	10,6	0,8	0,3	8,9	3,0	10,0	6,4	13,4	27,4	19,2	0	100
1935	8,8	2,6	1,4	7,8	1,4	12,4	6,2	11,3	29,3	18,5	0,4	100
1938	10,1	1,1	1,2	5,9	1,4	9,5	6,0	5,9	40,7	18,2	0	100
1947	15,6	1,6	10,0	11,4	7,6	8,8	4,8	3,4	32,2	4,6	0	100
1950	11,2	1,3	16,5	12,4	15,8	8,1	4,9	3,4	20,7	4,2	1,5	100
1953	12,9	1,5	7,0	7,9	12,1	8,1	5,3	3,9	36,1	5,2	0	100
1956	10,9	5,3	9,7	7,6	9,6	9,4	8,5	4,6	28,2	6,2	0	100
1959	13,1	4,4	7,3	5,7	9,8	12,5	8,0	5,0	26,7	7,5	0	100
1962	12,8	4,7	7,5	6,6	6,8	15,7	9,7	5,3	24,5	6,4	0,1	100
1965	12,4	4,3	8,4	9,1	6,0	19,5	10,6	4,7	19,8	3,5	1,8	100
1968	11,4	6,0	9,5	5,9	5,0	21,1	10,7	4,2	20,0	4,4	1,9	100
1971	12,8	2,8	7,1	8,5	4,0	23,8	11,3	3,7	18,8	7,2	0	100

Source : C. André et R. Delorme, *L'évolution des dépenses publiques en France (1872-1971)*,

S'il y a 3 caractères, l'étude visuelle est encore possible en faisant de la géométrie dans l'espace. Mais dès que le nombre p de caractères devient supérieur ou égal à 4, cela devient impossible. Ainsi dans le tableau ci-contre chaque année représente un individu décrit par 11 caractères. Les 24 individus forment un nuage (peu visible !) dans un espace à 11 dimensions, puisqu'il y a 11 coordonnées.

Le fait d'avoir choisi des données en pourcentage, plutôt que les valeurs en francs, évite les variations de l'unité monétaire au fil des années, mais entraîne l'existence d'une relation entre les 11 caractères : leur somme vaut toujours 100.

Les 24 points se situent donc en réalité dans un sous-espace de dimension 10, mais ceci ne simplifie guère le problème !

Supposons que l'on veuille quand même représenter nos 24 individus sur un graphique plan. Ce que l'on verra sur le dessin sera une représentation déformée de la configuration exacte : les distances entre les 24 points sur le plan ne peuvent pas être toutes égales aux distances entre les 24 individus dans l'espace complet à 11 dimensions (à moins qu'il n'existe 9 relations linéaires exactes entre les caractères). Il y aura donc forcément des distorsions que l'on cherchera à rendre minimum.

Géométriquement notre dessin s'obtiendra en projetant les points individus $\mathbf{e}_1$, $\mathbf{e}_2$, …, $\mathbf{e}_n$ sur un plan comme le montre la figure ci-dessous.

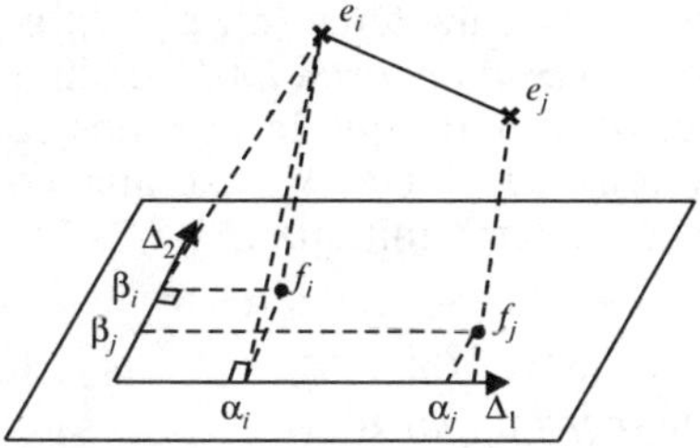

Il faudra évidemment choisir le plan de projection sur lequel les distances seront en moyenne le mieux conservées : comme l'opération de projection raccourcit toujours les distances $d(\mathbf{f}_i ; \mathbf{f}_j) \leq d(\mathbf{e}_i ; \mathbf{e}_j)$, on se fixera pour critère de rendre maximale la moyenne des carrés des distances entre les projections $\mathbf{f}_1 ; \mathbf{f}_2 ; \ldots ; \mathbf{f}_n$.

Pour déterminer ce plan que l'on appelle le plan principal, il suffit de trouver deux droites Δ_1 et Δ_2. Si Δ_1 et Δ_2 sont perpendiculaires on a :

$$d^2(\mathbf{f}_i ; \mathbf{f}_j) = d^2(\boldsymbol{\alpha}_i ; \boldsymbol{\alpha}_j) + d^2(\boldsymbol{\beta}_i ; \boldsymbol{\beta}_j)$$

où les $\boldsymbol{\alpha}_i$ et les $\boldsymbol{\beta}_i$ sont les projections des $\mathbf{e}_i$ (et des $\mathbf{f}_i$) sur Δ_1 et Δ_2 respectivement.

La moyenne des carrés des distances entre les $\mathbf{f}_i$ est donc égale à la moyenne des carrés des distances entre les $\boldsymbol{\alpha}_i$ plus la moyenne des carrés de distances entre les $\boldsymbol{\beta}_i$.

La méthode consiste alors à chercher tout d'abord Δ_1, rendant maximale la moyenne des $d^2(\boldsymbol{\alpha}_i ; \boldsymbol{\alpha}_j)$ puis Δ_2 perpendiculaire à Δ_1, rendant maximale la moyenne des $d^2(\boldsymbol{\beta}_i ; \boldsymbol{\beta}_j)$.

On peut continuer en dehors du plan et on trouvera alors $\Delta_3, \Delta_4, \ldots, \Delta_p$ perpendiculaires entre elles : les Δ_i sont les *axes principaux* du nuage.

En projetant $\mathbf{e}_i$ qui avait pour coordonnées initiales $(x_i^1, x_i^2, \ldots, x_i^p)$ sur les axes principaux on obtient de nouvelles coordonnées $(c_i^1, c_i^2, \ldots, c_i^p)$. On construit ainsi de nouveaux caractères $(\mathbf{c}^1, \mathbf{c}^2, \ldots, \mathbf{c}^p)$ que l'on appelle les *composantes principales* : chaque composante $\mathbf{c}^k$, qui n'est autre que la liste des coordonnées des n individus sur l'axe Δ_k, est une combinaison linéaire des caractères initiaux :

$$\mathbf{c}^k = u_1^k \mathbf{x}^1 + u_2^k \mathbf{x}^2 + \ldots + u_p^k \mathbf{x}^p$$

Les coefficients $(u_1^k, u_2^k, \ldots, u_p^k)$ forment le k-ième *facteur principal* $\mathbf{u}^k$.

La meilleure représentation des données au moyen de q caractères seulement ($q < p$) s'obtient alors en prenant les q premières composantes principales.

Tel est le schéma de l'analyse en composantes principales (en abrégé ACP) qui est donc une méthode de réduction du nombre de caractères permettant des représentations géométriques des individus et des caractères. Cette réduction ne sera possible que si les p caractères initiaux ne sont pas indépendants et ont des coefficients de corrélation non nuls.

L'ACP est une méthode *factorielle* car la réduction du nombre des caractères ne se fait pas par une simple sélection de certains d'entre eux, mais par la construction de nouveaux caractères synthétiques obtenus en combinant les caractères initiaux au moyen des « facteurs ». C'est une méthode *linéaire* car il s'agit de combinaisons linéaires.

L'analyse des correspondances, l'analyse canonique, l'analyse factorielle discriminante sont aussi des méthodes factorielles conduisant à des représentations graphiques et auront de ce fait des traits communs avec l'ACP. Ce qui fait la spécificité de l'analyse en composantes principales est qu'elle traite exclusivement de *caractères numériques jouant tous le même rôle* alors que l'analyse des correspondances traite des caractères qualitatifs et qu'en analyse canonique comme en analyse discriminante les caractères sont répartis en groupes bien distincts.

L'utilisation des notions de combinaison linéaire, de distances, de projection conduit alors à raisonner selon le modèle suivant : on considère que les individus et les caractères sont des éléments de deux espaces vectoriels euclidiens à p et n dimensions respectivement. Les outils mathématiques utilisés seront donc ceux de l'algèbre linéaire et du calcul matriciel (1).

Comment calculer la distance entre deux individus, entre deux variables ? Comment résumer les caractéristiques du tableau de données ? Telles sont les préoccupations du paragraphe suivant.

II. — Géométrie des caractères et des individus

1. **Résumés numériques.** — Ainsi que nous l'avons vu au chapitre premier on résume séparément chacun des p caractères numériques x^j par sa moyenne $\overline{x^j}$ et son écart type s_j. L'individu, en général fictif, dont les caractères auraient pour valeurs leurs moyennes respectives, s'appelle le centre de gravité du nuage **g**.

$$\mathbf{g} = (\overline{x^1}, \overline{x^2}, \ldots, \overline{x^p})$$

Dans l'exemple des dépenses de l'État **g** serait une année moyenne où les pourcentages des différents postes seraient :

12,2 ; 2 ; 3,9 ; 8,3 ; 4 ; 9,9 ; 4,8 ; 4,3 ; 30,3 ; 19,1 ; 1,2

Les poids des différentes années sont tous égaux à 1/24.

Les écarts types des 11 caractères sont ici :

2,2 ; 1,6 ; 4,5 ; 2,5 ; 4,2 ; 5,2 ; 3,4 ; 4,2 ; 7,3 ; 12,2 ; 1

Les liaisons entre les p caractères pris deux à deux sont résumées par leurs covariances s_{jk}, ou plutôt par leurs coefficients de corrélation r_{jk}, soit en tout $\frac{p(p-1)}{2}$ coefficients à calculer.

(1) La lecture du « Que sais-je ? », n° 927, de J. Bouteloup, *Calcul matriciel élémentaire*, est vivement recommandée.

L'ensemble des variances et des covariances est regroupé dans un tableau V appelé matrice de variance des p caractères où le terme situé à l'intersection de la j-ième ligne et de la k-ième colonne est la covariance s_{jk}. Les termes diagonaux sont alors les variances s_j^2 des p caractères.

$$V = \begin{pmatrix} s_1^2 & s_{12} & \dots & s_{1p} \\ & s_2^2 & & \vdots \\ & & \ddots & \vdots \\ & & & s_p^2 \end{pmatrix}$$

De même l'ensemble des coefficients de corrélation est regroupé dans la matrice de corrélation R dont les termes diagonaux valent 1 puisque $r(x^j\,;x^j) = 1$.

$$R = \begin{pmatrix} 1 & r_{12} & \dots & r_{1p} \\ & 1 & & \vdots \\ & & \ddots & \vdots \\ & & & 1 \end{pmatrix}$$

R et V sont des matrices carrées d'ordre p, symétriques car $s_{jk} = s_{kj}$ et $r_{jk} = r_{kj}$. On pourra donc se contenter d'écrire seulement la moitié des termes de ces matrices.

Si on note $D_{1/s}$ la matrice diagonale suivante :

$$D_{1/s} = \begin{pmatrix} 1/s_1 & & \bigcirc \\ & 1/s_2 \ddots & \\ \bigcirc & & 1/s_p \end{pmatrix}$$

on a la relation matricielle :

$$R = D_{1/s}\, V\, D_{1/s}.$$

Ainsi la matrice de corrélation des 11 caractères de notre exemple est :

	PVP	AGR	CMI	TRA	LOG	EDU	ACS	ACO	DEF	DET	DIV
PVP	1										
AGR	– 0,08	1									
CMI	0,00	0,60	1								
TRA	0,23	– 0,27	0,09	1							
LOG	0,04	0,44	0,89	0,17	1						
EDU	– 0,14	0,73	0,47	– 0,21	0,23	1					
ACS	– 0,13	0,81	0,62	– 0,20	0,49	0,88	1				
ACO	– 0,69	0,04	0,02	– 0,31	0,05	0,16	0,29	1			
DEF	0,10	– 0,45	– 0,54	0,16	– 0,38	– 0,52	– 0,57	– 0,42	1		
DET	0,03	– 0,69	– 0,80	– 0,15	– 0,76	– 0,67	– 0,81	– 0,15	0,26	1	
DIV	0,15	– 0,28	– 0,35	0,11	– 0,44	– 0,25	– 0,53	– 0,38	0,02	0,55	1

On peut déjà en tirer certains renseignements : ainsi on voit que le coefficient de corrélation entre la part des dépenses consacrée au logement et celle consacrée au commerce et à l'industrie est 0,89. Cette forte valeur positive signifie que sur les vingt-quatre années ces deux pourcentages ont varié dans le même sens (quand l'un baisse l'autre baisse, quand l'un croît l'autre croît) et que la relation entre les deux est presque linéaire. Il faudrait évidemment tracer le nuage de points correspondant à ces deux caractères pour confirmer ces conclusions. Comme il y a ici 55 coefficients de corrélation différents à considérer, l'étude complète des liaisons deux à deux est un travail de longue haleine. Nous verrons par la suite comment l'ACP nous aidera à simplifier considérablement cette tâche.

On peut exprimer directement de manière simple la matrice de variance V à partir du tableau des données à condition que tous les caractères aient une moyenne nulle. S'il n'en est pas ainsi on transformera chaque caractère x^j en un caractère centré en lui retirant sa moyenne $x^j - \overline{x^j}$. Ceci revient à placer l'origine des axes du nuage des individus au centre de gravité **g**.

Les coordonnées centrées de l'année 1872 sont ainsi :

(5,8 ; – 1,5 ; – 3,8 ; – 1,6 ; – 3,5 ; – 7,8 ; – 2,8
– 4,3 ; – 3,9 ; 22,4 ; 0,9)

Si X est le tableau à *n* lignes et *p* colonnes des données centrées on a les relations matricielles :

$$V = {}^tX\,DX$$

où ${}^tX$ est la matrice transposée de X et D la matrice (d'ordre *n*) diagonale des poids :

$$D = \begin{pmatrix} p_1 & & \bigcirc \\ & p_2 \ddots & \\ \bigcirc & & p_n \end{pmatrix}$$

Nous supposerons pour toute la suite que les caractères sont centrés.

2. **L'espace des individus.** – Chaque individu étant un point défini par p coordonnées est consi-déré comme un vecteur d'un espace vectoriel $\mathbf{R}^p$ à p dimensions appelé l'espace des individus : on identifie l'individu e_i et le vecteur $\mathbf{e}_i$ de composantes $(x_i^1, x_i^2, \ldots, x_i^p)$.

A) *Importance de la métrique.* – Comment mesurer la distance entre deux individus ? Cette question primordiale doit être résolue avant toute étude statistique car les résultats obtenus en dépendent dans une large mesure.

En physique, la distance entre deux points de l'espace se calcule facilement par la formule de Pythagore : le carré de la distance est la somme des carrés des différences des coordonnées, car les dimensions sont de même nature : ce sont des longueurs que l'on mesure avec la même unité.

$$d^2 = (x_1^k - x_2^k)^2 + (x_1^j - x_2^j)^2$$

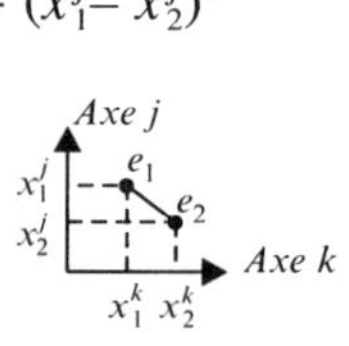

Il n'en est pas de même en statistique où chaque dimension correspond à un caractère qui s'exprime avec son unité particulière : comment calculer la distance entre deux individus décrits par les trois caractères : âge, salaire, nombre d'enfants ?

La formule de Pythagore est alors aussi arbitraire qu'une autre. Si l'on veut donner des importances différentes à chaque caractère, pourquoi ne pas prendre une formule du type :

$$d^2 = a_1(x_1^1 - x_2^1)^2 + a_2(x_1^2 - x_2^2)^2 + \dots + a_p(x_1^p - x_2^p)^2$$

ce qui revient à multiplier par $\sqrt{a_j}$ chaque caractère (on prendre bien sûr des a_j positifs).

De plus la formule de Pythagore n'est valable que si les axes sont perpendiculaires, ce que l'on conçoit aisément dans l'espace physique. Mais en statistique ce n'est que par pure convention que l'on représente les caractères par des axes perpendiculaires : on aurait pu tout aussi bien prendre des axes obliques d'angle θ :

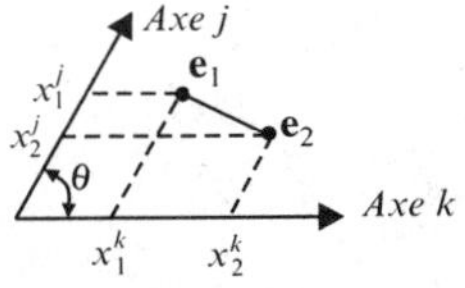

La formule donnant la distance fait alors intervenir en plus des carrés des différences de coordonnées les produits des différences :

$$d^2 = (x_1^k - x_2^k)^2 + (x_1^j - x_2^j)^2 - 2(x_1^k - x_2^k)^2 + (x_1^j - x_2^j) \cos \theta$$

sous sa forme la plus générale la distance d entre deux individus peut s'écrire :

$$d^2(e_1 ; e_2) = \sum_{k=1}^{p} \sum_{j=1}^{p} (x_1^k - x_2^k)(x_1^j - x_2^j)$$

soit en notant M la matrice d'éléments :

$$d^2(e_1 ; e_2) = {}^t(\mathbf{e}_1 - \mathbf{e}_2)\, \mathrm{M}(\mathbf{e}_1 - \mathbf{e}_2)$$

M peut être n'importe quelle matrice symétrique définie positive. La formule de Pythagore revient à choisir pour M la matrice unité I.

Ceci revient à définir le produit scalaire de deux vecteurs $\mathbf{e}_1$ et $\mathbf{e}_2$ de l'espace des individus par :

$$<\mathbf{e}_1 \,;\, \mathbf{e}_2>_M = {}^t\mathbf{e}_1 M \mathbf{e}_2$$

on dit que l'on a muni l'espace des individus d'une structure euclidienne, la matrice M s'appelle alors la métrique de l'espace. Le produit scalaire de $\mathbf{e}_1$ par lui-même est noté $||\mathbf{e}_1||^2_M$ et $||\mathbf{e}_1||_M$, qui est l'analogue de la longueur du vecteur $\mathbf{e}_1$, s'appelle la M-norme de $\mathbf{e}_1$.

Les métriques les plus utilisées en ACP sont les métriques diagonales qui reviennent à pondérer les caractères ; en particulier on utilise très fréquemment la métrique :

$$M = D_{1/s^2} = \begin{pmatrix} 1/s_1^2 & & & \bigcirc \\ & 1/s_2^2 & & \\ & & \ddots & \\ \bigcirc & & & 1/s_p^2 \end{pmatrix}$$

ce qui revient à diviser chaque caractère par son écart type : entre autres avantages, la distance entre deux individus ne dépend plus des unités de mesure puisque les nombres x^j/s_j sont sans dimension.

Ainsi, si x^j représente l'âge d'un individu, on peut utiliser aussi bien comme unité le mois ou l'année car si x^j est multiplié par 12 (passage de l'âge en années à l'âge en mois), s_j est aussi multiplié par 12 et le rapport reste constant. Surtout cette métrique donne à chaque caractère la même importance quelle que soit sa dispersion : ainsi pour les dépenses de l'État où on constate de grandes différences entre les écarts types, de 1 % pour le caractère « divers » à

12,2 % pour le caractère « dette », l'utilisation de M = I conduirait à privilégier les valeurs du caractère « dette », puisque c'est celui pour lequel les différences entre individus sont les plus fortes, et à négliger les différences entre les autres caractères. La métrique D_{1/s^2} rétablit alors l'équilibre entre les caractères en donnant à tous la variance 1.

En caractères centrés réduits l'année 1872 est représentée par le point de coordonnées :

(2,64 ; – 0,94 ; – 0,84 ; – 0,64 ; – 0,83 ; – 1,5 ; – 0,82 ; – 1,02 ; – 0,53 ; + 1,84 ; 0,9)

Nous avons vu qu'utiliser une métrique diagonale

$$D_a = \begin{pmatrix} a_1 & & & 0 \\ & a_2 & & \\ & & \ddots & \\ 0 & & & a_p \end{pmatrix}$$

revient à multiplier les caractères par $\sqrt{a_i}$ et utiliser ensuite la métrique usuelle M = I. Ce résultat se généralise à une métrique M quelconque de la manière suivante : on démontre que pour toute matrice symétrique définie positive M il existe une matrice T (en fait il en existe une infinité) telle que $M = {}^t TT$. Le produit scalaire $<\mathbf{e}_1 ; \mathbf{e}_2>_M = {}^t\mathbf{e}_1 M \mathbf{e}_2$ peut s'écrire alors ${}^t\mathbf{e}_1 \, {}^t T T \mathbf{e}_2 = {}^t(T\mathbf{e}_1)(T\mathbf{e}_2) = <T\mathbf{e}_1 ; T\mathbf{e}_2>_I$. Tout se passe donc comme si on avait transformé les données par la matrice T et utilisé ensuite le produit scalaire ordinaire.

Ceci revient à remplacer le tableau de données X par $Y = X \, {}^t T$ et à prendre comme métrique la matrice unité I.

B) *Comment calculer les coordonnées des individus sur un nouvel axe.* — Considérons le système d'axes orthonormés représentant les caractères initiaux $x^1, x^2, \ldots, x^p$. En projetant les individus sur une droite quelconque Δ on crée un nouveau caractère **c** dont les valeurs $c_1, c_2, \ldots, c_n$ sont les mesures algébriques des projections des points e_i sur cette droite.

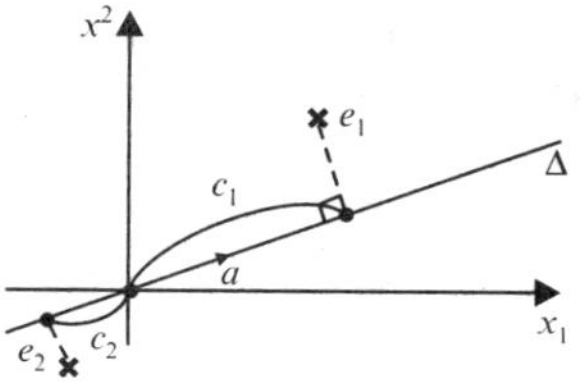

Soit **a** le vecteur unitaire de Δ, de M-norme 1 ; la mesure algébrique c_1 de la projection de l'individu $\mathbf{e}_1$ est alors égale au produit scalaire de $\mathbf{e}_1$ par **a**.

$c_1 = {}^t\mathbf{e}_1 \, \mathrm{M}\mathbf{a} = {}^t(\mathrm{M}\mathbf{a})\mathbf{e}_1$ car M est symétrique ; en posant $\mathbf{u} = \mathrm{M}\mathbf{a}$ on peut écrire que la composante c_1 de $\mathbf{e}_1$ sur Δ vaut ${}^t\mathbf{u}\mathbf{e}_1$ soit $c_1 = \sum_{j=1}^{p} u_j x_1^j$.

Le caractère **c** *dont les valeurs sont les n coordonnées $c_1, c_2, \ldots, c_n$ s'obtient alors directement par la formule :* $\mathbf{c} = \mathrm{X}\mathbf{u}$.

c est donc une combinaison linéaire des p caractères initiaux au moyen du facteur **u**.

Si M = I il y a égalité entre le facteur **u** et le vecteur unitaire **a**.

Si l'axe Δ passe par l'origine, comme celle-ci est confondue avec le centre de gravité du nuage, le caractère **c** est un caractère centré.

C) *Inertie.* — On appelle inertie totale du nuage de points la moyenne des carrés des distances des n points au centre de gravité, c'est-à-dire à l'origine :

$$\mathcal{I} = \sum_i p_i \|\mathbf{e}_i\|_{\mathrm{M}}^2 = \sum_i p_i \, {}^t\mathbf{e}_i \, \mathrm{M}\mathbf{e}_i$$

Cette quantité caractéristique du nuage mesure d'une certaine manière l'éloignement des points par rapport à leur centre de gravité, c'est-à-dire la dispersion globale du nuage. Une inertie nulle ou voisine de zéro signifie que tous les individus sont identiques ou presque et sont confondus avec leur centre de gravité **g**.

On peut montrer que $\mathcal{I}$ est égale à la moyenne des carrés des $\frac{n(n-1)}{2}$ distances différentes entre les points du nuage.

On peut alors interpréter le plan principal du nuage de points comme étant le plan qui rend maximum l'inertie de l'ensemble des n points projetés sur lui.

On définit aussi l'inertie par rapport à un point **h** différent du centre de gravité :

$$\mathcal{I}_h = \sum_i p_i\, d^2(\mathbf{e}_i\,;\,\mathbf{h})$$

$\mathcal{I}_h$ = est reliée à par la formule de Huyghens :

$$\mathcal{I}_h = \mathcal{I} + d^2(\mathbf{g}\,;\,\mathbf{h})$$

$\mathcal{I}_h$ est donc toujours supérieure à $\mathcal{I}$, la valeur minimum étant atteinte lorsque **h** = **g**.

On en déduit alors que la recherche d'un plan rendant maximum l'inertie des projections des n points est équivalente à la recherche du plan passant « au plus près » de l'ensemble des points du nuage au sens où la moyenne des carrés de distance des points du nuage au plan est minimale.

Soit **h** la projection de **g** sur le plan qui est alors le centre de gravité de projection des points du nuage. Le triangle $\mathbf{e}_i$; $\mathbf{f}_i$; **h** est rectangle en $\mathbf{f}_i$, d'où :

$$d^2(\mathbf{e}_i\,;\,\mathbf{f}_i) = d^2(\mathbf{e}_i\,;\,\mathbf{h}) - d^2(\mathbf{f}_i\,;\,\mathbf{h})$$

et $\quad \Sigma p_i\, d^2(\mathbf{e}_i\,;\,\mathbf{f}_i) = \mathcal{I}_h - \Sigma p_i\, d^2(\mathbf{f}_i\,;\,\mathbf{h})$

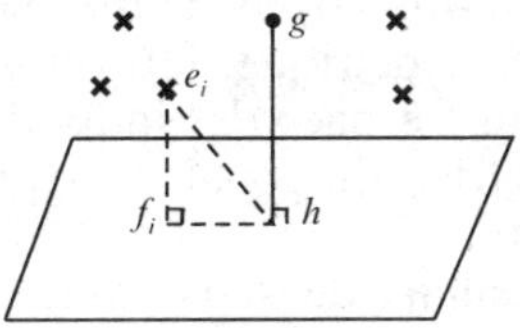

Comme $\mathcal{I}_h = \mathcal{I} + d^2(\mathbf{g}\,;\,\mathbf{h})$ on voit que rendre minimale la moyenne des carrés des distances entre les $\mathbf{e}_i$ et les $\mathbf{f}_i$ s'obtient lorsque $\mathbf{g} = \mathbf{h}$ et quand l'inertie du nuage projetée $\Sigma p_i d^2(\mathbf{f}_i\,;\,\mathbf{h})$ est maximale.

Désormais on supposera toujours que le plan principal, et plus généralement les axes principaux, passent par **g**.

On montre que $\mathcal{I}$ s'exprime par la formule :

$$\mathcal{I} = \text{Trace (MV)}$$

où la trace désigne la somme des éléments diagonaux d'une matrice. On en déduit alors que :

— si M = I l'inertie est égale à la somme des variances des p caractères :

— si $M = D_{1/s^2}$:

$$\begin{aligned}\text{Trace MV} &= \text{Trace }(D_{1/s^2}V) = \text{Trace }(D_{1/s}VD_{1/s})\\ &= \text{Trace R} = p\end{aligned}$$

l'inertie est donc égale au nombre de caractères ;

— si M est quelconque on peut toujours dire que l'inertie est égale à la somme des variances des caractères transformés par la matrice T où $M = {}^t TT$. En effet :

$$\begin{aligned}\text{Trace MV} &= \text{Trace } {}^tTT\,{}^tX\,{}^tDX = \text{Trace } T\,{}^tX\,DX\,{}^tT\\ &= \text{Trace } {}^tY\,DY\end{aligned}$$

3. **L'espace des caractères.** — Chaque caractère x^j est en fait une liste de n valeurs numériques : on le considérera comme un vecteur $\mathbf{x}^j$ d'un espace à n dimensions appelé espace des caractères et noté $\mathbf{R}^n$.

A) *La métrique.* — Pour étudier la proximité des caractères entre eux il faut munir cet espace d'une métrique, c'est-à-dire trouver une matrice d'ordre n définie positive symétrique. Ici il n'y a pas d'hésitation comme pour l'espace des individus et le choix se porte sur la matrice diagonale des poids D pour les raisons suivantes :

Le produit scalaire de deux caractères $\mathbf{x}^j$ et $\mathbf{x}^k$ qui vaut ${}^t\mathbf{x}^j$ et $D\mathbf{x}^k = \sum_{i=1}^{n} p_i\, x_i^k x_i^j$ n'est autre que la covariance s_{jk} car les caractères sont centrés.

La norme d'un caractère $\|\mathbf{x}^j\|_D$ est alors :

$$\|\mathbf{x}^j\|^2 = s_j^2$$

en d'autres termes la « longueur » d'un caractère est égale à son écart type.

Dans un espace euclidien on définit l'angle θ entre deux vecteurs par son cosinus qui est égal au quotient du produit scalaire par le produit des normes des deux vecteurs :

$$\cos \theta_{jk} = \frac{<\mathbf{x}^j ; \mathbf{x}^k>}{\|\mathbf{x}^j\| \, \|\mathbf{x}^k\|} = \frac{s_{jk}}{s_j s_k}$$

Le cosinus de l'angle entre deux caractères centrés n'est donc autre que leur coefficient de corrélation linéaire.

Si dans l'espace des individus on s'intéresse aux distances entre points, dans l'espace des caractères on s'intéressera plutôt aux angles en raison de la propriété précédente.

B) *Caractères engendrés par le tableau de données.* — Si $\mathbf{x}^1, \mathbf{x}^2, \ldots, \mathbf{x}^p$ sont les caractères mesurés sur les n individus, on peut en déduire de nouveaux caractères par combinaison linéaire du type :

$$\mathbf{c} = u_1\mathbf{x}^1 + u_2\mathbf{x}^2 + \ldots + u_p\mathbf{x}^p$$

Nous avons vu dans un paragraphe précédent que ceci revient à choisir un nouvel axe dans l'espace des individus.

L'ensemble de tous les caractères que l'on peut fabriquer par un tel procédé forme alors un sous-espace vectoriel W de l'espace des caractères. S'il n'existe aucune relation linéaire entre les caractères $\mathbf{x}^j$, ce sous-espace est de dimension p, sinon il est de dimension inférieure : dans l'exemple des dépenses de l'État comme $\sum_{j=1}^{11} x^j = 100$ la dimension de W est au plus égale à 10 (au plus car il peut exister d'autres relations qui n'ont pas été remarquées).

Nous avons vu que tout caractère **c**, combinaison linéaire des caractères de départ, peut s'obtenir par la formule **c** = X**u**, où **u** est le facteur associé à **c**.

Il est alors facile d'en déduire sa variance :

$$s_c^2 = {}^t\mathbf{c}\, \mathrm{D}\mathbf{c} = {}^t\mathbf{u}\, {}^t\mathrm{X}\, \mathrm{DX}\mathbf{u}$$
$$s_c^2 = {}^t\mathbf{u}\mathrm{V}\mathbf{u}$$

III. — Recherche des composantes, axes et facteurs principaux

Nous avons défini dans l'introduction de ce chapitre le premier axe principal Δ_1 par la propriété de rendre maximale la moyenne des carrés des distances entre les projections des points du nuage.

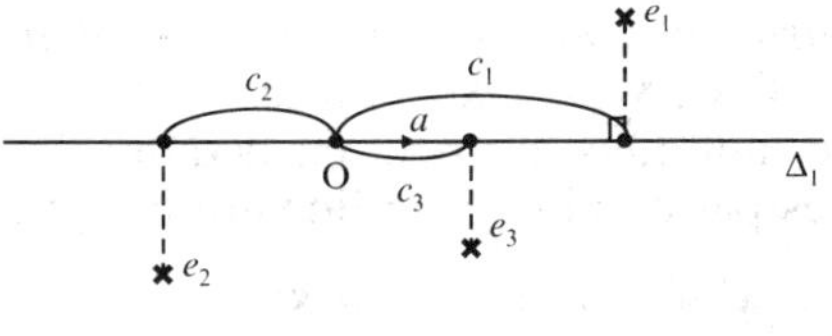

Ceci équivaut à rendre maximale l'inertie des projections qui vaut $\sum p_i\, c_i^2$, où les c_i sont les mesures algébriques des projections des $\mathbf{e}_i$ sur Δ, car on choisit de faire passer Δ par le centre de gravité du nuage.

Δ_1 est l'axe d'allongement principal du nuage en ce sens que, sur cet axe, les c_i sont le plus dispersés possible, en d'autres termes :

$\mathbf{c}$ *est combinaison linéaire des* $\mathbf{x}^i$ *de variance maximale.*

Pour trouver explicitement facteurs et composantes principales et pour alléger les démonstrations, on peut toujours se ramener au cas M = I en raisonnant sur le tableau de données transformé $Y = X\,{}^t T$ avec $M = {}^t TT$. En effet, la première composante principale de Y sera la même que celle de X puisque les combinaisons linéaires des $\mathbf{y}^j$ sont des combinaisons linéaires des $\mathbf{x}^j$: la combinaison des $\mathbf{y}^j$ de variance maximale définira donc automatiquement la combinaison des $\mathbf{x}^j$ de variance maximale. Si $\mathbf{c}$ est cette composante exprimée sous la forme $\mathbf{c} = Y\mathbf{v}$ puisque $Y = X\,{}^t T$ on aura $\mathbf{c} = X\mathbf{u}$ avec $\mathbf{u} = {}^t T\mathbf{v}$.

Soit V_y la matrice de variance associée au tableau Y qui est égale à $T\,{}^t X\,DX\,{}^t T = TV\,{}^t T$ où V est la matrice de variance de X. La composante principale $\mathbf{c}$ a pour variance ${}^t\mathbf{v}V_y\mathbf{v}$ et le vecteur $\mathbf{v}$ est alors égal au vecteur unitaire de l'axe principal. Il faut donc trouver $\mathbf{v}$ de norme 1 tel que ${}^t\mathbf{v}V_y\mathbf{v}$ soit maximal. Ceci est équivalent à rendre maximal le quotient ${}^t\mathbf{v}V_y\mathbf{v}\,/\,{}^t\mathbf{v}\mathbf{v}$. Le maximum est atteint lorsque les dérivées par rapport à chacune des p composantes sont nulles. L'ensemble des dérivées de ${}^t\mathbf{v}V_y\mathbf{v}$ par rapport aux composantes $v_1, v_2, \ldots, v_p$ forme un vecteur égal à $2V_y\mathbf{v}$. D'après les formules de dérivation usuelles on en déduit que la dérivée de quotient est nulle si :

$$2({}^t\mathbf{v}\mathbf{v})V_y\mathbf{v} - 2({}^t\mathbf{v}V_y\mathbf{v})\,\mathbf{v} = 0$$

soit :

$$V_y\mathbf{v} = ({}^t\mathbf{v}V_y\mathbf{v})\,\mathbf{v} = \lambda\mathbf{v}$$

$\mathbf{v}$ doit donc être vecteur propre de V_y et sa valeur propre λ doit être la plus grande puisqu'elle représente la quantité à maximiser.

La variance de $\mathbf{c}$ vaut alors λ car $\mathbf{v}$ est de norme 1. Comme une matrice de variance est symétrique et semi-définie positive, elle possède p vecteurs propres orthogonaux deux à deux et ses valeurs propres sont toutes positives ou nulles.

Les axes et les facteurs principaux $\mathbf{v}_1, \mathbf{v}_2, \ldots, \mathbf{v}_p$ *lorsque* M = I *sont les vecteurs propres de la matrice de variance associés aux valeurs propres* $\lambda_1, \lambda_2, \ldots, \lambda_p$ *écrites en ordre décroissant.*

Prendre comme nouveaux axes de l'espace des individus les vecteurs de la matrice de variance revient à diagonaliser l'opérateur linéaire associé à V_y. La matrice variance des composantes principales, V_c, est égale à :

$$V_c = \begin{pmatrix} \lambda_1 & & & \bigcirc \\ & \lambda_2 & & \\ & & \ddots & \\ \bigcirc & & & \lambda_p \end{pmatrix}$$

Les composantes principales sont donc non corrélées deux à deux.

L'ACP remplace les p caractères initiaux par des caractères non corrélés de variance maximale et d'importance décroissante.

Pour trouver directement axes, facteurs et composantes en fonction de X il suffit d'écrire que $V_y \mathbf{v} = \lambda \mathbf{v} = TV\,{}^tT\mathbf{v}$ et de multiplier à gauche par ${}^tT$, d'où ${}^tTTV\,{}^tT\mathbf{v} = \lambda {}^tT\mathbf{v}$ soit $MV\mathbf{u} = \lambda\mathbf{u}$. L'axe $\mathbf{a}$ est tel que $\mathbf{u} = M\mathbf{a}$, donc $MVM\mathbf{a} = \lambda M\mathbf{a}$, soit $VM\mathbf{a} = \lambda\mathbf{a}$ car M est régulière.

Les axes principaux sont donc les vecteurs propres de VM, les facteurs principaux ceux de MV. Quant aux composantes principales qui s'obtiennent par $\mathbf{c} = X\mathbf{u}$, en remarquant que $MV = M\,{}^tX\,DX$; $M\,{}^tX\,DX\mathbf{u} = \lambda\mathbf{u}$ montre en multipliant à gauche par X que $\mathbf{c}$ est vecteur propre de $XM\,{}^tX\,D$.

La somme des valeurs propres $\lambda_1 + \lambda_2 + \ldots + \lambda_p$ est une constante égale à la trace de V_y et de MV : c'est l'inertie totale $\mathcal{I}$.

Le quotient $\lambda_k/\mathcal{I}$ est appelé part d'inertie (ou de variance) expliquée par l'axe n° k. $(\lambda_1 + \lambda_2)/\mathcal{I}$, ou part d'inertie cumulée des deux premiers axes, mesure l'aplatissement du nuage sur le plan principal. Plus cette part est grande, et meilleure est la représentation du nuage sur ce plan.

Le nombre des valeurs propres non nulles donne la dimension de l'espace dans lequel sont réellement les observations. Une valeur propre nulle montre qu'il existe une relation linéaire entre les caractères initiaux.

Avec $M = D_{1/s^2}$, les composantes principales sont les caractères les plus liés aux x_j au sens où $\sum_{j=1}^{p} r^2(\mathbf{c}\ ;\ \mathbf{x}^j)$ est maximal.

IV. — Les résultats et leur interprétation

Avec l'exemple des dépenses de l'État présenté au début de ce chapitre nous tenterons ici de donner quelques principes généraux d'interprétation des résultats numériques et graphiques d'une ACP.

Si les phases de calcul sont effectuées automatiquement par des programmes d'ordinateur, la lecture des documents obtenus nécessite une certaine méthode afin d'éviter des interprétations erronées.

Nous avons choisi pour analyser le tableau des dépenses de l'État la métrique D_{1/s^2}, ce qui revient à centrer et réduire les 11 caractères. Les facteurs principaux s'obtiennent donc en diagonalisant la matrice de corrélation R.

1. **Valeurs propres, facteurs et composantes principales.** — On trouve au moyen d'un programme standard d'ACP :

N°	*Valeur propre*	*% d'inertie*	*% cumulé*
1	4,98	45,3	45,3
2	2,05	18,6	63,9
3	1,29	11,7	75,6
4	0,99	9,0	84,6
5	0,71	6,5	91,1
6	0,56	5,1	96,2
7	0,20	1,8	98
8	0,12	1,1	99,1
9	0,06	0,5	99,6
10	0,04	0,4	100
11	0	0	100

La somme des valeurs propres est égale au nombre de caractères puisque $M = D_{1/s^2}$, soit ici 11. On vérifie que la dernière valeur propre est nulle, ce qui était attendu puisque les caractères sont liés par une relation linéaire (leur somme vaut 100).

Les deux premières valeurs propres représentant environ 64 % de l'inertie, nous résumerons les données par les deux premières composantes principales.

Il est difficile de donner une réponse générale à la question : à partir de quel pourcentage peut-on négliger les composantes principales restantes ? Cela dépend tout d'abord du nombre de caractères : un premier axe expliquant 45 % de l'inertie avec 11 caractères est plus intéressant que si p avait été égal à 5. Si R ne contient que des termes peu différents de zéro, il ne faut pas s'attendre à trouver des valeurs propres très élevées : on ne peut réduire efficacement le nombre de caractères que si ceux-ci étaient très corrélés. En fait, seul l'examen de la signification des composantes principales, et surtout l'expérience, permettent de savoir quelles sont les composantes à conserver.

Les deux premiers vecteurs propres $\mathbf{v}_1$ et $\mathbf{v}_2$ de R sont ici les suivants :

$\mathbf{v}_1$	$\mathbf{v}_2$
– 0,08	– 0,52
0,37	– 0,00
0,37	– 0,24
– 0,06	– 0,44
0,32	– 0,28
0,35	0,10
0,42	0,07
0,13	0,56
– 0,27	– 0,15
– 0,40	0,21
– 0,25	– 0,08

La somme des carrés de leurs composantes vaut 1 et on peut vérifier que $R\mathbf{v}_i = \lambda_i \mathbf{v}_i$. Pour obtenir les composantes principales $\mathbf{c}_1$ et $\mathbf{c}_2$ on applique la formule $\mathbf{c} = Y\mathbf{v}$. Ainsi pour l'année 1872, dont on avait calculé plus haut les valeurs des coordonnées centrées réduites, il suffit de multiplier chaque coordonnée par la composante du premier vecteur propre et en faire la somme, pour obtenir la valeur de $\mathbf{c}_1$, soit ici – 2,9.

On peut vérifier que $\mathbf{c}_1$ et $\mathbf{c}_2$ sont de moyenne nulle et ont pour variances respectives 4,98 et 2,05 (aux arrondis près).

2. **Représentation des individus dans le plan principal.**

	$\mathbf{c}_1$	$\mathbf{c}_2$		$\mathbf{c}_1$	$\mathbf{c}_2$
1872	– 2,90	– 1,02	1932	0,27	1,96
1880	– 2,77	– 2,01	1935	0,66	2,30
1890	– 2,42	– 0,22	1938	– 0,40	1,34
1900	– 2,06	– 0,75	1947	1,08	– 2,25
1903	– 2,34	– 0,17	1950	2,37	– 2,17
1906	– 1,98	– 0,63	1953	1,20	– 1,13
1909	– 1,91	– 0,81	1956	2,93	– 0,23
1912	– 1,43	– 0,77	1959	2,69	– 0,14
1920	– 2,14	– 0,96	1962	3,06	0,11
1923	– 1,14	2,88	1965	3,14	– 0,31
1926	– 1,67	2,61	1968	3,70	0,47
1929	– 1,12	1,83	1971	3,24	0,09

Les composantes $\mathbf{c}_1$ et $\mathbf{c}_2$ donnent les coordonnées des individus sur le plan principal et on obtient la configuration suivante.

On voit immédiatement apparaître quatre groupes d'individus bien séparés :

— groupe 1 : avant la Première Guerre mondiale ;
— groupe 2 : entre les deux guerres ;
— groupe 3 : l'après-guerre 1947-1950-1953 ;
— groupe 4 : la période 1956 à 1971.

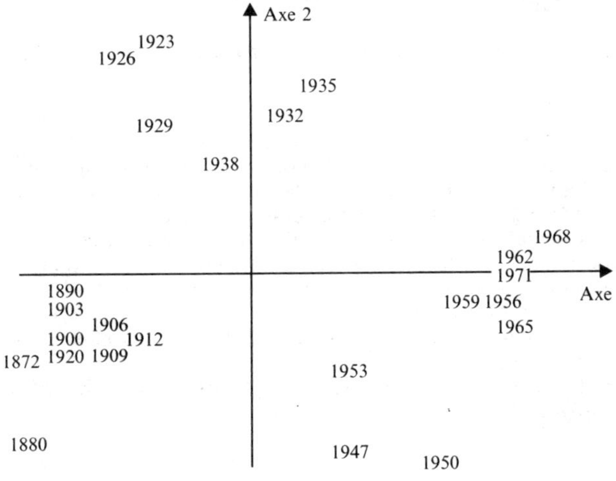

La figure obtenue étant une projection il ne faut pas confondre proximités sur le plan principal et proximités dans l'espace, une erreur de perspective est toujours possible comme le montre la figure ci-dessous.

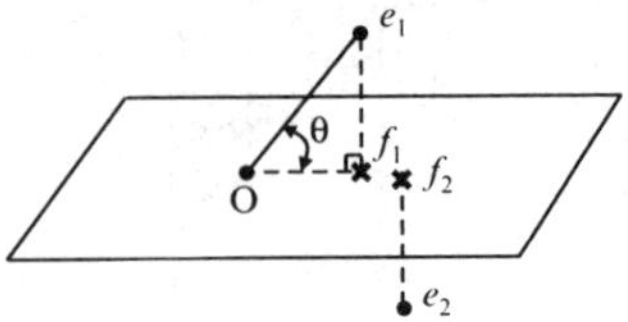

Il faut donc examiner la qualité de la représentation de chaque point : ceci se fait en considérant l'angle θ entre le vecteur $\mathbf{e}_i$ et sa projection $\mathbf{f}_i$. Le critère de qualité communément utilisé est le carré du cosinus de l'angle avec le plan : un cosinus égal à 1 indique que $\mathbf{e}_i$ et $\mathbf{f}_i$ sont confondus ; un cosinus voisin de zéro doit mettre en garde l'utilisateur contre toute conclusion hâtive, sauf si $\mathbf{e}_i$ est à une distance faible du centre de gravité.

Dans notre exemple on trouve les valeurs suivantes :

	1872	*1880*	*1890*	*1900*	*1903*	*1906*	*1909*	*1912*
$\cos^2 \theta$	0,52	0,69	0,79	0,69	0,58	0,78	0,76	0,48
	1920	*1923*	*1926*	*1929*	*1932*	*1935*	*1938*	*1947*
$\cos^2 \theta$	0,73	0,79	0,66	0,63	0,47	0,80	0,30	0,66
	1950	*1953*	*1956*	*1959*	*1962*	*1965*	*1968*	*1971*
$\cos^2 \theta$	0,46	0,35	0,74	0,76	0,89	0,73	0,69	0,65

Dans l'ensemble presque tous les points sont bien représentés sauf peut-être les années 1938 et 1953 (un cosinus carré de 0,3 correspond à un angle de 57°).

Lorsque de nombreux points sont mal représentés c'est en général parce que l'inertie du plan principal est trop faible : il faut alors considérer les composantes principales suivantes et regarder les plans principaux définis par les axes 1, 3 ; 2, 3, etc.

3. **L'interprétation des composantes principales et des axes principaux.** — Quelle signification concrète donner à des caractères qui sont des combinaisons des caractères de départ ? C'est sans doute un des points les plus délicats des analyses de données. Deux approches doivent généralement être utilisées : on considère, d'une part, les corrélations avec les caractères initiaux et, d'autre part, des individus typiques.

A) *Le cercle des corrélations.* — Le calcul des corrélations entre les composantes principales et les caractères initiaux est très simple à effectuer, dans le cas de la métrique D_{1/s^2} : on montre que le coefficient de corrélation linéaire entre $\mathbf{x}^j$ et $\mathbf{c}_k$ est égal à la j-ième composante du k-ième vecteur propre $\mathbf{v}_k$ multipliée par $\sqrt{\lambda_k}$. On en déduit que la somme des carrés des corrélations de $\mathbf{c}_k$ avec les $\mathbf{x}^j$ vaut λ_k.

On trouve ici :

	$r(\mathbf{c}_1 ; \mathbf{x}^j)$	$r(\mathbf{c}_2 ; \mathbf{x}^j)$
PVP	– 0,17	– 0,74
AGR	0,82	– 0,01
CMI	0,83	– 0,34
TRA	– 0,14	– 0,63
LOG	0,72	– 0,40
EDU	0,79	0,14
ACS	0,93	0,10
ACO	0,29	0,81
DEF	– 0,61	– 0,22
DET	– 0,89	0,30
DIV	– 0,55	– 0,11

La première composante principale est très corrélée positivement avec les pourcentages du budget consacré à l'action sociale, au commerce et industrie, à l'agriculture et très négativement avec les pourcentages consacrés à la défense, au remboursement de la dette.

L'opposition de ces deux groupes de caractères, que l'on retrouve sur le tableau R, est donc le trait dominant. Ceci permet d'interpréter la position des individus sur le plan principal : plus un point se situe à droite sur le graphique plus il s'écarte de la moyenne par de fortes valeurs des caractères ACS, CMI, AGR, ce qui est concomitant avec des valeurs inférieures à la moyenne des caractères DET et DEF. Aux points situés à gauche du graphique correspondent évidemment des phénomènes inverses.

La deuxième composante principale dont l'importance est près de 2,5 fois moindre traduit essentiellement l'opposition entre le budget des anciens combattants et celui des pouvoirs publics.

Si on représente chaque caractère par un point dont les coordonnées sont ses corrélations avec $\mathbf{c}_1$ et $\mathbf{c}_2$, les caractères initiaux s'inscrivent alors à l'intérieur d'un cercle de rayon 1 appelé cercle des corrélations car $\mathbf{c}_1$ et $\mathbf{c}_2$ étant non corrélées on montre que :

$$r^2(\mathbf{c}_1 ; \mathbf{x}^j) + r^2(\mathbf{c}_2 ; \mathbf{x}^j) \leq 1.$$

L'examen de cette figure permet d'interpréter les composantes principales et de repérer rapidement les groupes de caractères liés entre eux ou opposés, à condition toutefois que les points soient proches de la circonférence. Cette représentation joue pour les

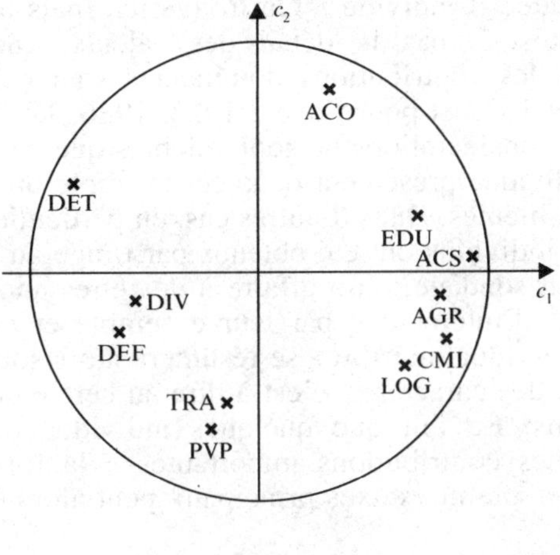

caractères le même rôle que le plan principal pour les individus : on montre en effet que l'on obtient exactement cette figure en projetant dans l'espace des caractères, les caractères centrés réduits sur le plan engendré par $\mathbf{c}_1$ et $\mathbf{c}_2$.

B) *La place et l'importance des individus.* — Si on remarque que le long de l'axe 1 les années s'échelonnent à peu près selon l'ordre chronologique on met en évidence un phénomène d'évolution temporelle de la structure des dépenses de l'État (vers plus de social, moins de dettes et une moindre part à la défense nationale), ce qui enrichit l'étude des corrélations. De même il n'est peut-être pas inintéressant de noter que l'axe 2 qui oppose les dépenses en faveur des anciens combattants à celles des pouvoirs publics oppose en fait les deux après-guerre.

On peut d'ailleurs chercher quels sont les individus qui caractérisent le plus fortement un axe en calculant la « contribution » d'un point à l'axe n° k que l'on définit comme $p_i \, c_{ik}^2 / \lambda_k$, c'est la part de variance de $\mathbf{c}_k$ due à l'individu i. On trouve ici, mais nous ne reproduisons pas le détail des calculs, que pour l'axe 1 les contributions dominantes sont celles de 1968 et 1872 et pour l'axe 2 1923, 1926, 1947.

Ces considérations ne sont valables que parce que les individus présentent dans cet exemple un intérêt en eux-mêmes. Dans d'autres cas, en particulier ceux où les individus ont été obtenus par tirage au hasard pour un sondage, on a affaire à des êtres anonymes n'ayant d'intérêt que par leur ensemble et non par leur individualité ; l'ACP se résumera alors souvent à l'étude des caractères, c'est-à-dire au cercle des corrélations. Le fait que quelques individus puissent avoir des contributions importantes à la formation d'un des premiers axes principaux peut alors être un grave défaut car le fait de retirer ces individus risque de modifier profondément les résultats : il y a alors tout intérêt à effectuer l'ACP en éliminant cet individu quitte à le faire figurer ensuite sur les graphiques en point supplémentaire (car il est facile de calculer ses coordonnées), à condition qu'il ne s'agisse pas d'une donnée aberrante qui a ainsi été mise en évidence.

Notons enfin la possibilité de représenter sur les plans principaux des groupes d'individus possédant un trait particulier, par exemple l'ensemble des années représentant la IVᵉ République. Ceci s'effectue très simplement en plaçant sur le graphique le centre de gravité des individus concernés dont les coordonnées se calculent aisément. Cette procédure qui permet de faire figurer les modalités d'un caractère qualitatif illustratif (ici le numéro de la République) sera reprise lors de l'analyse des correspondances multiples (points supplémentaires).

Dans l'état actuel de la technique informatique on peut traiter des tableaux où le nombre de caractères est de quelques centaines pour un nombre d'individus en principe illimité, puisque la phase essentielle de calcul se réduit à la diagonalisation d'une matrice d'ordre p.

V. — L'analyse des tableaux de proximités

Dans certaines applications on ne connaît pas les valeurs prises par les caractères, car il n'y a pas de caractères mesurés ; on connaît seulement les distances entre individus. C'est souvent le cas en psychologie ou en étude de marché : par exemple on recueille auprès des consommateurs des données de proximités subjectives entre différentes marques concurrentes. Le problème est alors de représenter graphiquement les proximités entre marques qui constituent autant d'individus.

Les données sont donc le tableau des distances entre les n individus. Supposons que ces distances soient euclidiennes, cela veut dire que les n individus peuvent être considérés comme des points dans un espace de dimension p (inconnu) muni d'une métrique M. Si on connaissait leurs coordonnées sur des axes orthogonaux arbitraires de cet espace on aurait alors un tableau individus-caractères X et on pourrait effectuer une ACP. Nous avons vu que les composantes principales **c** qui constituent les listes de coordonnées sur les axes principaux sont les vecteurs propres de la matrice $\mathrm{XM}\,{}^t\mathrm{X}\,\mathrm{D}$. Or cette matrice peut se calculer en connaissant uniquement les distances entre individus.

Il suffit alors de calculer ses vecteurs propres pour obtenir une représentation des individus sur un plan ou un espace de dimension q dont on mesurera la qualité au moyen du pourcentage d'inertie expliquée.

La matrice $\mathrm{XM}\,{}^t\mathrm{X}$ est la matrice dont les éléments w_{ij} sont les produits scalaires $<\mathbf{e}_i\,;\,\mathbf{e}_j>_{\mathrm{M}}$, et $w_{ii} = \|\mathbf{e}_i\|^2$. En appliquant la relation du triangle :

$$d_{ij}^2 = \|\mathbf{e}_i\|^2 + \|\mathbf{e}_j\|^2 - 2\,w_{ij}$$

à tous les couples d'individus on arrive alors à exprimer w_{ij} au moyen de la formule de Torgerson :

$$w_{ij} = \frac{1}{2}\,(d_{i\cdot}^2 + d_{\cdot j}^2 - d_{ij}^2 - d_{\cdot\cdot}^2)$$

où :

$$d_{i\cdot}^2 = \sum_{j=1}^{n} p_j\, d^2(\mathbf{e}_i\,;\,\mathbf{e}_j)$$

et $$d_{\cdot\cdot}^2 = \sum_{i=1}^{n}\sum_{j=1}^{n} p_i p_j\, d^2(\mathbf{e}_i\,;\,\mathbf{e}_j) = 2\,\mathcal{I}$$

L'application de l'ACP à ce type de données porte le nom d'analyse factorielle d'un tableau de distances.

Si la distance d est réellement euclidienne, toutes les valeurs propres de $XM\,{}^tX$ sont positives ou nulles. Si on trouve des valeurs propres négatives on ne peut plus admettre que les individus sont dans un espace euclidien. Pour obtenir quand même des représentations graphiques on fait appel à des techniques de positionnement multidimensionnel qui reviennent à chercher une modification des dissimilarités les transformant en distances euclidiennes en respectant certaines contraintes d'ordre : si d est la dissimilarité et $f(d)$ sa modification on exigera que si $d_{ij} < d_{kl}$ on ait $f(d_{ij}) \leq f(d_{kl})$.

Divers algorithmes sont alors possibles : les uns cherchant d'abord cette transformation f pour procéder ensuite à une analyse factorielle du tableau des distances euclidiennes ainsi créées, les autres (méthode de Kruskal) cherchant directement la meilleure configuration de n points dans un espace de dimension fixée.

Sur le plan pratique le nombre d'individus à traiter est limité à quelques centaines par les possibilités actuelles de calcul.

Le lecteur désireux de compléments dans ce domaine se reportera avec profit aux ouvrages cités en bibliographie, en particulier à ceux de J.-M. Bouroche qui a introduit ces méthodes en France et à celui de J. B. Kruskal et M. Wish.

Chapitre III

LA CLASSIFICATION

Les méthodes de classification ou de typologie (dont la science s'appelle la taxinomie) ont pour but de regrouper les individus en un nombre restreint de classes homogènes. Il s'agit donc de décrire les données en procédant à une réduction du nombre des individus. Il ne sera question ici que de « classification automatique » : les classes seront obtenues au moyen d'algorithmes formalisés et non par des méthodes subjectives ou visuelles faisant appel à l'initiative du praticien (1).

On distingue deux grands types de méthodes de classification :

— les méthodes non hiérarchiques qui produisent directement une partition en un nombre fixé de classes ;

— les méthodes hiérarchiques qui produisent des suites de partitions en classes de plus en plus vastes à l'image des célèbres classifications des zoologistes en espèces, genres, familles, ordre, etc.

(1) Au chapitre précédent on donnait un exemple de classification visuelle où quatre groupes avaient été reconnus en regardant le plan principal de l'ACP du tableau des dépenses de l'État.

Le tableau de données analysé est soit le tableau des distances ou des dissimilarités entre n individus, soit le tableau des coordonnées des individus sur p axes (tableau individus-caractères numériques ou coordonnées sur les axes d'une analyse des correspondances lorsque les caractères sont qualitatifs). Dans ce dernier cas on peut évidemment obtenir un tableau de distance en choisissant une métrique.

Depuis quelques années, avec le développement des gros calculateurs, d'innombrables algorithmes de classification ont vu le jour. Il n'est pas question de les passer tous en revue ici renvoyant le lecteur intéressé à l'ouvrage de Cailliez et Pagès ; nous nous contenterons d'examiner les méthodes les plus efficaces et les plus utilisées en insistant plus particulièrement sur le cas où les distances sont euclidiennes car il existe alors des critères non arbitraires.

I. — Classification non hiérarchique

Il s'agit de regrouper n individus en k classes de telle sorte que les individus d'une même classe soient le plus semblables possible et que les classes soient bien séparées. Ceci suppose la définition d'un critère global mesurant la proximité des individus d'une même classe et donc la qualité d'une partition. Si on dispose d'un tel critère on pourrait imaginer d'examiner toutes les partitions possibles et de choisir la meilleure. Cette tâche est en réalité impossible, même avec les plus gros ordinateurs, dès que le nombre des individus dépasse quelques dizaines : pour 14 individus seulement il y a plus de 10 millions de partitions possibles en 4 classes !

Il est donc à peu près exclu de trouver la meilleure partition possible et il faudra se contenter d'algorithmes aboutissant à des solutions approchées.

1. **Inertie interclasse et inertie intraclasse.** — Si on peut considérer les individus comme des points d'un espace euclidien le problème de la classification peut se décrire comme la recherche d'une partition d'un nuage de *n* points en *k* sous-nuages. Au chapitre précédent, nous avons caractérisé la dispersion d'un nuage de points par son inertie qui est la moyenne des carrés des distances au centre de gravité. Une classe sera donc d'autant plus homogène que son inertie sera faible. Appelons $\mathcal{I}_1, \mathcal{I}_2, \ldots, \mathcal{I}_k$ les inerties de chaque classe, calculées par rapport à leurs centres de gravité respectifs $\mathbf{g}_1, \mathbf{g}_2, \ldots, \mathbf{g}_k$. La somme de ces inerties est appelée inertie intraclasse et est notée $\mathcal{I}_W$:

$$\mathcal{I}_W = \sum_{j=1}^{k} \mathcal{I}_j$$

Il est donc souhaitable que $\mathcal{I}_W$ soit la plus petite possible pour avoir un ensemble de classes très homogènes.

Considérons maintenant l'ensemble des *k* centres de gravité $\mathbf{g}_2, \ldots, \mathbf{g}_k$, leur dispersion autour de $\mathbf{g}$, centre de gravité du nuage total des *n* individus, est appelée inertie interclasse et est notée $\mathcal{I}_B$:

$$\mathcal{I}_B = \Sigma P_j \, d^2(\mathbf{g}_i \,;\, \mathbf{g})$$

où P_j est la somme des poids des individus de la classe n° *j*.

Une grande valeur de $\mathcal{I}_B$ indique une bonne séparation des classes et il conviendra donc que $\mathcal{I}_B$ soit la plus grande possible.

Or $\mathcal{I}_B$ et $\mathcal{I}_W$ sont reliées par une importante formule généralisant le théorème de Huyghens :

$$\mathcal{I}_B + \mathcal{I}_W = \mathcal{I}$$

où $\mathcal{I}$ est l'inertie totale du nuage des *n* points.

Rendre maximale $\mathcal{I}_B$ est donc équivalent à rendre minimale $\mathcal{I}_W$ puisque leur somme est constante. Du point de vue de l'inertie il suffira donc de caractériser les meilleures partitions possibles en k classes (il en existe éventuellement plusieurs) comme celles qui rendent minimale $\mathcal{I}_W$.

Il faut prendre garde ici que ce critère ne permet pas de comparer deux partitions ayant des nombres de classes différents : en effet, la meilleure partition en k classes aura toujours une inertie intraclasse supérieure à celle de la meilleure partition en $k+1$ classes et sera donc « moins bonne ». A la limite, la meilleure partition possible est celle où chaque individu constitue une classe car alors $\mathcal{I}_W = 0$ puisque chaque point est confondu avec le centre de gravité de sa classe !

Nous chercherons désormais à obtenir une partition en k classes où k a été fixé *a priori*. La plupart des techniques procèdent par améliorations successives d'une partition de départ : nous décrirons d'abord celle des centres mobiles puis la méthode des « nuées dynamiques » qui en est une variante.

2. **Regroupement autour de centres mobiles.** — Le déroulement de cet algorithme est le suivant : dans un premier temps on regroupe les individus autour de k centres arbitraires $\mathbf{c}_1$, $\mathbf{c}_2$, …, $\mathbf{c}_k$ de la manière suivante : la classe associée à $\mathbf{c}_j$ est constituée de l'ensemble des individus plus proches de $\mathbf{c}_j$ que de tout autre centre. Géométriquement ceci revient à partager l'espace des individus en k zones définies par les plans médiateurs des segments $\mathbf{c}_i\,\mathbf{c}_j$. La figure ci-après donne un exemple d'une partition associée à trois centres dans un plan.

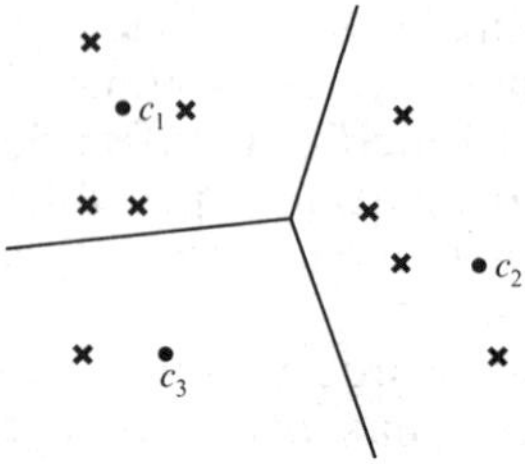

On calcule ensuite les centres de gravité $\mathbf{g}_1$, $\mathbf{g}_2$, …, $\mathbf{g}_k$ des classes que l'on vient de former. On effectue alors une deuxième partition en regroupant les individus autour des $\mathbf{g}_j$ qui prennent alors la place des centres $\mathbf{c}_j$ de la première étape. On calcule les centres de gravité $\mathbf{g}_1^{(2)}$, $\mathbf{g}_2^{(2)}$, …, $\mathbf{g}_k^{(2)}$ de ces nouvelles classes, on regroupe les individus autour d'eux et ainsi de suite jusqu'à ce que la qualité de la partition mesurée par l'inertie intraclasse ne s'améliore plus. Comme il suffit à chaque étape de calculer les nk distances entre les individus et les centres, il n'est pas nécessaire de conserver en mémoire les $\frac{n(n-1)}{2}$ distances différentes, ce qui est avantageux si n est grand.

Montrons que d'une partition à l'autre l'inertie intraclasse décroît, ce qui entraîne la convergence de l'algorithme (l'expérience montre que cette convergence est très rapide : une dizaine d'itérations sont en général suffisantes).

Appelons $\mathcal{I}_W^{(1)}$ l'inertie intraclasse de la première partition et $\mathcal{I}_W^{(2)}$ celle de la deuxième : il suffira de démontrer que $\mathcal{I}_W^{(1)} > \mathcal{I}_W^{(2)}$ puisqu'à l'étape suivante la partition n° 2 prend la place de la partition n° 1 et ainsi de suite.

$\mathcal{I}_W^{(2)}$ est la moyenne des inerties $\mathcal{I}_j^{(2)}$ des k classes de la deuxième partition. Considérons par exemple la première classe de cette partition dont le centre de gravité est $\mathbf{g}_1^{(2)}$: son inertie $\mathcal{I}_1^{(2)}$ est inférieure à la moyenne des carrés des distances des points de cette classe à $\mathbf{g}_1$ en raison de la formule de Huyghens (voir chap. II).

D'une partition à l'autre la composition des classes change : dans la partition n° 2 on ne trouve dans la première classe que les points du nuage plus proches de $\mathbf{g}_1$ que des autres $\mathbf{g}_i$; la moyenne des carrés des distances à $\mathbf{g}_1$ est donc inférieure à la moyenne correspondante de la première classe de la première partition (à moins que ces deux classes ne soient identiques) qui vaut $\mathscr{I}_1^{(1)}$. L'inertie de chaque classe de la deuxième partition est donc inférieure à l'inertie de la classe correspondante de la première partition ; il en sera de même pour leurs moyennes et $\mathscr{I}_W^{(2)} \leq \mathscr{I}_W^{(1)}$.

L'inconvénient de cette méthode, à part le risque d'obtenir des classes vides, donc d'aboutir à moins de k classes, est de fournir une partition finale qui dépend de la partition de départ : on n'atteint pas l'optimum global mais seulement la meilleure partition possible à partir de celle de départ. De plus, la partition initiale est souvent arbitraire car il est courant de choisir les centres $\mathbf{c}_i$ par tirage au sort de k individus parmi n.

3. **La méthode des nuées dynamiques.** — Sous ce nom évocateur, E. Diday a développé une méthode efficace de partitionnement que l'on peut considérer comme une généralisation de la méthode des centres mobiles. La différence fondamentale est la suivante :

Au lieu de définir une classe par un seul point, son centre, qui peut ne pas être un des individus de l'ensemble à classer, on la définit par q individus formant un « noyau » qui, s'ils sont bien choisis, seront plus représentatifs de la classe qu'un simple centre de gravité. Ces noyaux permettront par la suite d'interpréter les classes.

A partir d'un système initial de k noyaux on obtient une partition en regroupant les individus autour de ces noyaux. On calcule alors de nouveaux noyaux représentatifs des classes ainsi formées et on recommence jusqu'à ce que la qualité de la partition ne s'améliore plus. Formellement il faut donc disposer de trois fonctions :

— la première qui calcule la distance d'un individu à un noyau ;
— la deuxième qui à une partition en k classes associe les k noyaux de q points, représentatifs de ces classes ;
— la troisième qui mesure la qualité d'une partition.

Connaissant ces trois fonctions, le nombre de classes et l'effectif des noyaux, l'algorithme est entièrement déterminé.

Comme pour la méthode des centres mobiles, la partition finale dépend du choix initial des noyaux. Afin de limiter cet inconvénient on procède à plusieurs tirages au sort des noyaux de départ et on compare les partitions finales obtenues : les individus qui ont toujours été classés ensemble définissent des « formes fortes » qui sont en quelque sorte les parties vraiment homogènes de l'ensemble des individus car elles ont résisté aux aléas des tirages des noyaux. Le nombre de formes fortes est généralement différent de k.

Les méthodes de partitionnement permettent de traiter rapidement de grands ensembles d'individus mais elles supposent que le nombre k de classes est fixé. Si ce nombre ne correspond pas à la configuration véritable du nuage des individus on risque d'obtenir des partitions de valeur douteuse. Il faut alors souvent essayer diverses valeurs de k, ce qui augmente le temps de calcul. Lorsque le nombre des individus n'est pas trop élevé on recourra plutôt à des méthodes hiérarchiques.

II. — Classification hiérarchique

Nous traiterons ici uniquement des méthodes ascendantes. Leur principe consiste à construire une suite de partitions en n classes, $n-1$ classes, $n-2$ classes..., emboîtées les unes dans les autres, de la manière suivante : la partition en k classes est obtenue en regroupant deux des classes de la partition en $k+1$ classes. Il y a donc au total $n-2$ partitions à déterminer puisque la partition en n classes est celle où chaque individu est isolé et la partition en une classe n'est autre que la réunion de tous les individus.

On parle de classification hiérarchique ou de hiérarchie, car chaque classe d'une partition est incluse dans une classe de la partition suivante. La suite des partitions obtenues est usuellement représentée sous la forme d'un arbre de classification analogue à l'organigramme d'une entreprise.

La figure ci-dessous représente la suite de partitions de l'ensemble *a*, *b*, *c*, *d*, *e* :

P_5 = *a/b/c/d/e*
P_4 = *ab/c/d/e*
P_3 = *ab/cd/e*
P_2 = *ab/cde*
P_1 = *abcde*

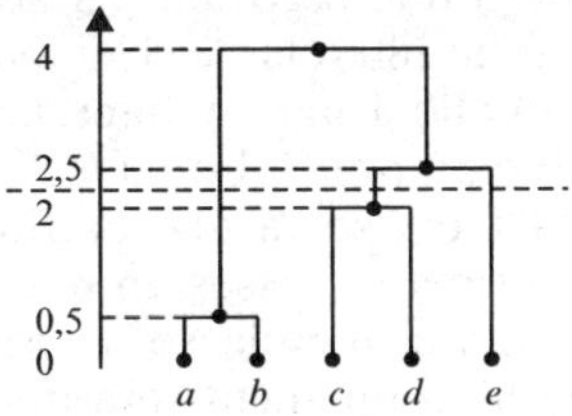

La hiérarchie précédente est « indicée » car à chaque partition correspond une valeur numérique représentant le niveau auquel ont lieu les regroupements ; plus l'indice est élevé plus les parties regroupées sont hétérogènes. Cet indice est aussi appelé niveau d'agrégation.

Connaissant l'arbre de classification il est facile d'en déduire des partitions en un nombre plus ou moins grand de classes, il suffit pour cela de couper l'arbre à un certain niveau et de regarder les « branches » qui tombent.

Ainsi dans l'arbre ci-dessus on obtient une partition en trois classes en découpant l'arbre selon le pointillé : (*a*, *c*) (*c*, *d*) (*e*).

Le principal problème des méthodes de classification hiérarchique consiste à définir le critère de regroupement de deux classes, ce qui revient à définir une distance entre classes. Tous les algorithmes de classification hiérarchique se déroulent de la même manière : on recherche à chaque étape les deux classes les plus proches, on les fusionne, et on continue jusqu'à ce qu'il n'y ait plus qu'une seule classe.

1. **Le critère de l'inertie : la méthode de Ward.** — Lorsque les individus sont des points d'un espace euclidien nous avons vu que l'on définissait la qualité d'une partition par son inertie intraclasse ou son inertie interclasse. Une bonne partition est celle pour laquelle l'inertie interclasse est forte (inertie intraclasse faible). Lorsque l'on passe d'une partition en $k+1$ classes à une partition en k classes en regroupant deux classes en une seule, nous allons voir que l'inertie interclasse ne peut que diminuer. Le critère de regroupement sera donc le suivant : fusionner les deux classes pour lesquelles la perte d'inertie est la plus faible. Ceci revient à réunir les deux classes les plus proches en prenant comme distance entre deux classes la perte d'inertie que l'on encourt en les regroupant.

L'inertie interclasse est, rappelons-le, la moyenne des carrés des distances des centres de gravité de chaque classe au centre de gravité total. Appelons A et B les deux classes que l'on veut réunir, $\mathbf{g}_A$, $\mathbf{g}_B$ leurs centres, et P_A et P_B leurs poids.

Avant réunion on trouve dans la formule de l'inertie interclasse la somme des deux termes : $P_A d^2(\mathbf{g}_A ; \mathbf{g}) + P_B d^2(\mathbf{g}_B ; \mathbf{g})$.

Après réunion il n'y a plus qu'une classe de poids $P_A + P_B$ de centre de gravité $\mathbf{g}_{AB}$ et qui contribue à l'inertie interclasse par le terme unique $(P_A + P_B)\, d^2(\mathbf{g}_{AB} ; \mathbf{g})$.

La perte d'inertie interclasse est la différence :

$$P_A d^2(\mathbf{g}_A ; \mathbf{g}) + P_B d^2(\mathbf{g}_B ; \mathbf{g}) - (P_A + P_B)\, d^2(\mathbf{g}_{AB} ; \mathbf{g})$$

comme $\mathbf{g}_{AB} = \dfrac{P_A \mathbf{g}_A + P_B \mathbf{g}_B}{P_A + P_B}$ on trouve que cette perte est :

$$\frac{P_A \cdot P_B}{P_A + P_B}\, d^2(\mathbf{g}_A ; \mathbf{g}_B)$$

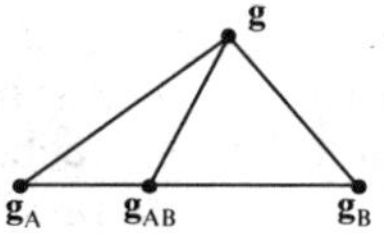

Un calcul élémentaire montre en effet que :
$d^2(\mathbf{g} ; \mathbf{g}_{AB}) =$

$$\frac{P_A}{P_A+P_B} d^2(\mathbf{g}_A ; \mathbf{g}) + \frac{P_B}{P_A+P_B} d^2(\mathbf{g}_B ; \mathbf{g}) - \frac{P_A P_B}{(P_A+P_B)^2} d^2(\mathbf{g}_A ; \mathbf{g}_B)$$

(c'est une généralisation du théorème de la médiane).

On peut donc prendre comme « distance » entre classes A et B la quantité :

$$\delta (A, B) = \frac{P_A P_B}{P_A+P_B} d^2(\mathbf{g}_A ; \mathbf{g}_B)$$

Si C est une troisième classe on en déduit aisément la formule donnant la « distance » δ entre C et la réunion des deux classes A et B :

$$\delta (C ; A \cup B) = \frac{(P_A + P_C)\, \delta(A, C) + (P_B + P_C)\, \delta(B, C) - P_C\, \delta(A, B)}{P_A + P_B + P_C}$$

On peut donc formaliser l'algorithme de Ward comme suit : on remplace le tableau des distances D entre les n points par le tableau Δ des distances modifiées :

$$\delta_{ij} = \frac{p_i p_j}{p_i + p_j} d^2(\mathbf{e}_i ; \mathbf{g}_j)$$

on cherche les deux individus pour lesquels δ_{ij} est minimum, on les réunit en une classe de poids $p_i + p_j$ au niveau hiérarchique δ_{ij}, on calcule ensuite les distances δ entre les autres individus et cette classe au moyen de la formule énoncée précédemment ; tout se passe alors comme s'il n'y avait plus que $n - 1$ individus ; on cherche quels sont les deux individus les plus proches, on les réunit en une classe et ainsi de suite.

Exemple : Reprenons les données sur les dépenses de l'État déjà analysées dans le chapitre II. En conservant la métrique D_{1/s^2} on peut calculer les distances mutuelles entre les 24 individus (les années) et effectuer ensuite une classification des années par la méthode de Ward. Nous ne reproduirons pas ici le tableau des distances vu son encombrement. Les poids des individus sont ici tous égaux à 1/24.

Les classes de la hiérarchie sont numérotées de 25 à 47 et sont constituées de la manière suivante : ce sont les années 1900 et 1906 qui sont les plus proches, puis 1959 et 1962, ensuite on rattache 1909 à la classe 1900-1906 et ainsi de suite.

Les résultats sont alors consignés dans le tableau suivant.

On remarque que la somme des niveaux d'agrégation est égale à 11 : en effet chaque niveau est égal à la perte d'inertie résultant de la fusion des deux élé-

N° de la classe	*Éléments réunis*		*Niveau d'agrégation*
25	1900	1906	0,02
26	1959	1962	0,03
27	1909	25	0,04
28	1890	27	0,06
29	1932	1935	0,06
30	1965	1968	0,07
31	1956	26	0,08
32	1912	28	0,09
33	1947	1953	0,11
34	1903	32	0,13
35	1923	1926	0,13
36	1929	35	0,14
37	1971	30	0,18
38	1938	29	0,18
39	1880	1920	0,24
40	1950	33	0,39
41	1872	34	0,40
42	31	37	0,42
43	39	41	0,43
44	36	38	0,46
45	40	42	1,09
46	43	44	1,94
47	45	46	4,31

ments réunis ; la somme des pertes d'inertie est donc égale à l'inertie totale du nuage de points qui est ici égale au nombre de caractères puisque l'on a pris D_{1/s^2} comme métrique.

De ce tableau on déduit l'arbre de classification. Son examen montre à l'évidence l'existence de quatre classes relativement homogènes obtenues en coupant l'arbre au niveau 0,5 environ. La classe n° 40 regroupe les années 1947-1950-1953, la classe n° 42 les années 1950 à 1971, la classe n° 43 les années 1880 à 1912 et la classe n° 44 les années 1923 à 1935.

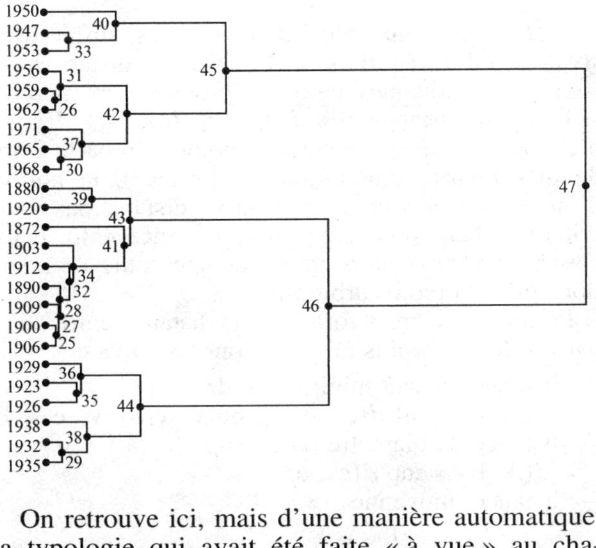

On retrouve ici, mais d'une manière automatique, la typologie qui avait été faite « à vue » au chapitre II : cette concordance est évidemment satisfaisante. D'une manière générale, il est recommandé de confirmer les résultats d'une classification par l'examen des plans factoriels d'une ACP ou d'une analyse des correspondances : les deux approches sont complémentaires, l'analyse factorielle permettant en outre d'interpréter rapidement en fonction des caractères les groupements obtenus par une classification.

Si on coupe l'arbre à un niveau plus élevé, on fera apparaître trois classes, puis deux classes : la partition en deux classes séparant ici l'avant et l'après-deuxième guerre.

Rappelons enfin qu'à chaque étape on n'obtient pas forcément la meilleure partition en k classes, mais seulement la meilleure de celles obtenues par réunion de deux classes de la partition en $k + 1$ classes.

2. **Distances non euclidiennes : les différentes stratégies d'agrégation.** — Lorsque les distances ne sont pas euclidiennes, ce qui se produit en particulier si l'inégalité triangulaire $d(a, b) \leq d(a, c) + d(b, c)$ n'est pas vérifiée pour certains points (on parle alors de dissimilarité plutôt que de distance), la notion d'inertie n'a plus de sens et on ne dispose pas d'un critère objectif pour calculer la distance entre deux classes. On peut alors imaginer une foule de solutions plus ou moins arbitraires.

Parmi les diverses formules de distance entre deux parties, les trois plus utilisées sont les suivantes :

— distance du saut minimal ou de l'inf

$$d(\mathrm{A}, \mathrm{B}) = \inf d(\mathbf{e}_i\,;\,\mathbf{e}_j) \quad \text{pour} \quad \mathbf{e}_i \in \mathrm{A} \quad \mathbf{e}_j \in \mathrm{B}$$

— distance du diamètre ou du sup

$$d(\mathrm{A}, \mathrm{B}) = \sup d(\mathbf{e}_i\,;\,\mathbf{e}_j)$$

— distance moyenne

$$d(\mathrm{A}, \mathrm{B}) = \frac{1}{\mathrm{P_A P_B}} \sum_i \sum_j d(\mathbf{e}_i\,;\,\mathbf{e}_j).$$

La première formule tend à favoriser le regroupement de deux classes, dès qu'elles possèdent des points proches ; le risque est alors de trouver dans une même classe des points très éloignés. Cette distance est cependant très utilisée en raison de ses propriétés mathématiques.

La distance du sup remédie, mais un peu brutalement, au défaut de la méthode du saut minimal, car elle exige que les points les plus éloignés, donc tous les points, soient proches.

La distance moyenne offre un compromis entre les deux précédentes.

L'ennui est que selon la formule choisie on aboutira à une hiérarchie ou à une autre.

Ainsi considérons le tableau de distance suivant entre cinq individus : on voit que cette distance n'est pas euclidienne puisque :

$$d(c, e) > d(c, d) + d(d, e)$$
$$6 > 2 + 1/2.$$

	a	*b*	*c*	*d*	*e*
a	0	3	7	3	4
b	3	0	4	4	1
c	7	4	0	2	6
d	3	4	2	0	1/2
e	4	1	6	1/2	0

On aboutit alors aux trois arbres suivants :

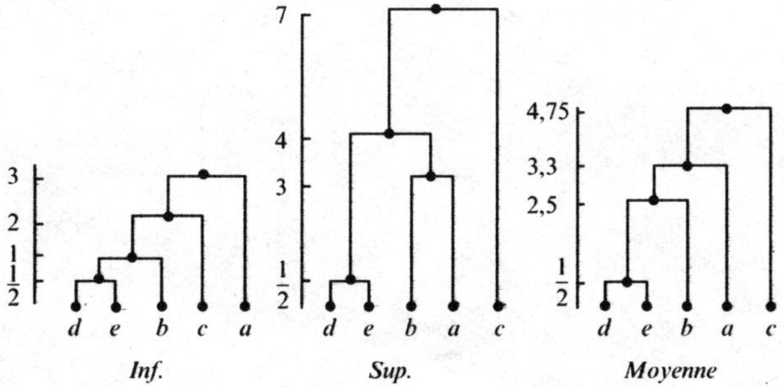

Si chaque arbre commence par la réunion de « *d* » et de « *e* » en une seule classe « *f* », il y a tout de suite d'importantes différences quand on calcule les distances de *f* aux autres individus :

d inf (b, f) = inf $[d(b\,;\,d)\,;\,d(b\,;\,e)] = 1$
d sup (b, f) = sup $[d(b\,;\,d)\,;\,d(b\,;\,e)] = 4$
d moy $(b, f) = 2{,}5$.

Il est recommandé de procéder à plusieurs types de classification sur le même ensemble en utilisant diverses formules : si les hiérarchies complètes sont en général différentes, il ne doit pas y avoir de trop grandes variations lorsque l'on regarde uniquement le haut de l'arbre, c'est-à-dire les partitions à faible nombre de classes. Si on constate de grosses différences c'est peut-être que l'ensemble des individus se prête mal à toute classification.

Notons enfin que l'une des principales difficultés en classification consiste à définir des distances ou des dissimilarités entre individus, surtout quand ceux-ci sont décrits par des caractères qualitatifs.

Chapitre IV

L'ANALYSE CANONIQUE

L'analyse canonique, proposée en 1936 par H. Hotelling (1), est d'un intérêt théorique essentiel. Elle englobe en effet la plupart des méthodes d'analyse des données comme cas particulier : qu'il s'agisse de la régression multiple, de l'analyse de la variance, de l'analyse des correspondances ou de l'analyse discriminante, ces méthodes peuvent être considérées comme des applications spécifiques de l'analyse canonique.

Disponible sous forme de programme informatique depuis plus d'une dizaine d'années, cette méthode n'a été utilisée que très rarement. Cette situation, exceptionnelle en analyse des données, s'explique par les difficultés d'interprétation et d'utilisation des résultats. Combien d'analystes, séduits par la problématique et les propriétés théoriques de l'analyse canonique, ont-ils, au vu des résultats, rangé discrètement leurs calculs dans un tiroir ? Nous ne pouvons répondre à cette question mais pen-

(1) H. Hotelling, Relations between two sets of variables, *Biometrika*, 1936, vol. 28.

sons cependant qu'une large place doit être donnée à l'analyse canonique, compte tenu de sa fécondité théorique. Les applications les plus enrichissantes seront obtenues sur des données particulières, comme nous le verrons dans les deux chapitres suivants.

I. — Présentation de la méthode

Le but de l'analyse canonique est d'étudier les relations linéaires existant entre deux groupes de caractères quantitatifs observés sur un même ensemble d'individus. De façon plus précise, on cherche une combinaison linéaire des caractères du premier ensemble et une combinaison linéaire des caractères du deuxième qui soient les plus corrélées possible.

Mais précisons tout d'abord ce problème à l'aide d'un exemple. Dans une étude portant sur les performances de 40 sauteurs en hauteur, R. Thomas (1) a relevé huit paramètres mesurant les caractéristiques physiques et dynamiques des athlètes :

x^1 = TAIL : taille en centimètres ;
x^2 = POID : poids en kilogrammes ;
x^3 = DTH : détente horizontale en centimètres (longueur sautée à pieds joints sans élan) ;
x^4 = DTV : détente verticale en centimètres (différence entre la hauteur atteinte mains tendues, talons au sol, et celle atteinte en sautant sans élan) ;
x^5 = FJAM : force des jambes en kilogrammes (poids remonté sur les épaules, à partir de la position accroupie) ;
x^6 = VIT : vitesse en dixième de seconde (temps de parcours d'une distance de trente mètres, départ lancé) ;
x^7 = SAUL : saut en longueur en centimètres (meilleur résultat) ;
x^8 = 3SAU : triple saut en mètres (meilleur résultat).

(1) R. Thomas, *La réussite sportive*, PUF, 1975.

Par ailleurs, un jury a noté les athlètes selon la qualité de leurs performances. Quatre critères ont été retenus :

y^1 = NSAU : note de saut sur 20 (moyenne des notes données par trois juges sur le style du saut dans son ensemble) ;
y^2 = NELA : note d'élan sur 20 (moyenne des notes données par trois juges sur le style de l'élan) ;
y^3 = NIMP : note d'impulsion sur 20 (moyenne des notes données par trois juges) ;
y^4 = NSUR : note de suspension réception sur 20 (moyenne des notes données par trois juges).

Dans quelle mesure les notes données par le jury peuvent-elles être reliées aux caractéristiques objectives des athlètes ?

Comme en analyse en composantes principales, les caractères peuvent être représentés dans $\mathbf{R}^n$, où n est le nombre d'observations (dans notre exemple, $n = 40$).

Notons $\mathbf{x}^1, \ldots, \mathbf{x}^j, \ldots, \mathbf{x}^p$ et $\mathbf{y}^1, \ldots, \mathbf{y}^k, \ldots, \mathbf{y}^q$ les caractères des deux groupes représentés par des vecteurs de $\mathbf{R}^n$.

Pour rapprocher ces deux ensembles de caractères, on calcule une combinaison linéaire des caractères du premier groupe :

$$\xi = a_1 \mathbf{x}^1 + \ldots + a_j \mathbf{x}^j + \ldots + a_p \mathbf{x}^p$$

et une combinaison linéaire des caractères du deuxième groupe :

$$\boldsymbol{\eta} = b_1 \mathbf{y}^1 + \ldots + b_k \mathbf{y}^k + \ldots + b_q \mathbf{y}^q$$

On cherchera les coefficients :

$$^t\mathbf{a} = (a_1, \ldots, a_j, \ldots, a_p)$$
et $$^t\mathbf{b} = (b_1, \ldots, b_k, \ldots, b_q)$$

qui maximisent le carré de corrélation entre ξ et $\boldsymbol{\eta}$.

On appelle *caractères canoniques* les vecteurs $\boldsymbol{\xi}$ et $\boldsymbol{\eta} \in \mathbf{R}^n$, *facteurs canoniques* les vecteurs de coefficients $\mathbf{a} \in \mathbf{R}^p$ et $\mathbf{b} \in \mathbf{R}^q$ et *corrélation canonique* le coefficient de corrélation entre $\boldsymbol{\xi}$ et $\boldsymbol{\eta}$.

L'ensemble des caractères $\boldsymbol{\xi}$, combinaisons linéaires des $\mathbf{x}^1, \ldots, \mathbf{x}^j, \ldots, \mathbf{x}^p$, forme un sous-espace vectoriel W_1 de $\mathbf{R}^n$ que l'on appelle « potentiel de prévision » du premier groupe. De même, au second groupe, on associe W_2, sous-espace vectoriel de $\mathbf{R}^n$.

Il s'agit donc de trouver deux vecteurs $\boldsymbol{\xi} \in W_1$ et $\boldsymbol{\eta} \in W_2$ faisant un angle minimum, puisque l'on a vu en analyse en composantes principales l'identité entre cosinus et corrélation pour les caractères centrés.

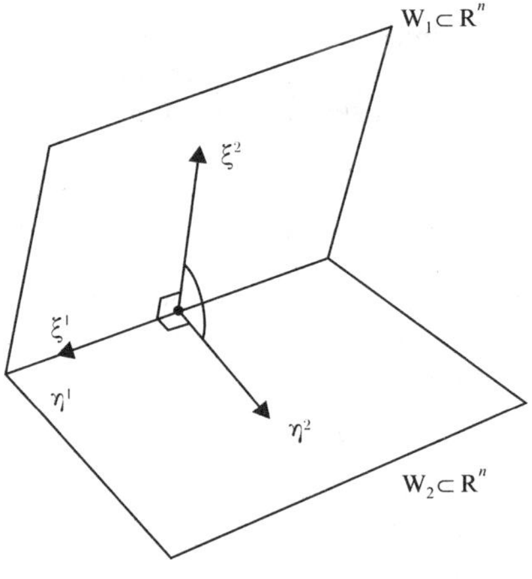

Dans le schéma précédent, il existe une solution très simple $\boldsymbol{\eta}^1$ et $\boldsymbol{\xi}^1$ tels que $\cos^2(\boldsymbol{\eta}^1, \boldsymbol{\xi}^1) = 1$.

En effet, dans $\mathbf{R}^3$, l'intersection de deux plans est de dimension inférieure ou égale à 2.

Lorsqu'un premier couple de variables canoniques

a été obtenu, on recherche, dans un deuxième temps, un autre couple de caractères ξ^2 et $\boldsymbol{\eta}^2$ tels que $r(\xi^2, \boldsymbol{\eta}^2)$ soit maximum et tels que ξ^1 et ξ^2 (respectivement $\boldsymbol{\eta}^1$ et $\boldsymbol{\eta}^2$) aient une corrélation nulle et ainsi de suite, ξ^3 et $\boldsymbol{\eta}^3$, etc.

Le problème de l'analyse canonique peut être rapproché de celui de la régression multiple. Supposons que nous cherchions à prévoir la variable x^7, saut en longueur, à l'aide des notes données par le jury. Dans ce cas l'espace W_1 n'a plus qu'une seule dimension, tandis que W_2 est inchangé. On obtient le graphique suivant :

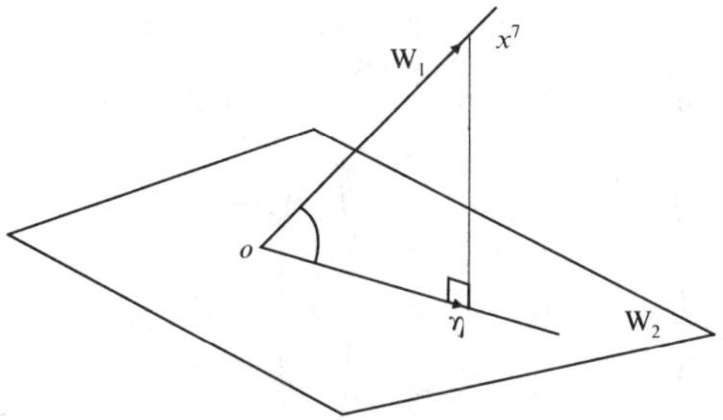

On recherche le vecteur de W_2 :

$$\boldsymbol{\eta} = b_1 \mathbf{y}^1 + \ldots + b_4 \mathbf{y}^4$$

faisant un angle minimum avec le caractère $\mathbf{x}^7$.

Comme nous le verrons dans le paragraphe suivant, $\boldsymbol{\eta}$ est un vecteur colinéaire avec la projection orthogonale de $\mathbf{x}^7$ sur W_2.

II. — Formulation géométrique

1. Projection orthogonale sur un sous-espace vectoriel.

A) *Le problème de la régression multiple.* — Avant de résoudre le problème de l'analyse canonique, il est nécessaire d'effectuer quelques rappels sur la régression multiple, et en particulier sur la projection orthogonale d'un vecteur sur un sous-espace vectoriel.

Considérons le cas d'un caractère « à expliquer » y et de p caractères « explicatifs » $\mathbf{x}^1, \ldots, \mathbf{x}^j, \ldots \mathbf{x}^p$.

Nous supposons que ces $p+1$ caractères sont observés sur le même ensemble de n individus, chaque individu étant muni du poids $p_i > 0$ avec : $\Sigma p_i = 1$.

Il s'agit de trouver une combinaison linéaire des p caractères explicatifs :

$$\xi = a_1 \mathbf{x}^1 + \ldots + a_j \mathbf{x}^j + \ldots + a_p \mathbf{x}^p$$

telle que ξ *soit le plus proche possible de* $\mathbf{y}$ *au sens de la distance dans l'espace des caractères (critère des moindres carrés).*

Nous allons maintenant présenter géométriquement le problème de la régression multiple.

Chacun des $p+1$ caractères peut être représenté par un vecteur de $\mathbf{R}^n$:

$$\mathbf{y} = \begin{pmatrix} y^1 \\ \cdot \\ \cdot \\ \cdot \\ y_i \\ \cdot \\ \cdot \\ \cdot \\ y_n \end{pmatrix} \in \mathbf{R}^n \quad \text{et} \quad \mathbf{x}^j = \begin{pmatrix} x_1^j \\ \cdot \\ \cdot \\ \cdot \\ x_i^j \\ \cdot \\ \cdot \\ \cdot \\ x_n^j \end{pmatrix} \in \mathbf{R}^n \quad j = 1, \ldots, p$$

On suppose que ces $p+1$ caractères sont centrés :

$$\sum_{i=1}^{n} p_i y_i = 0 \quad \sum_{i=1}^{n} p_i x_i^j = 0 \quad j = 1, \ldots, p$$

Nous considérerons le sous-espace vectoriel W de $\mathbf{R}^n$ engendré par les combinaisons linéaires des caractères x^j :

$$\xi \in \mathrm{W} \Leftrightarrow \xi = a_1 \mathbf{x}^1 + \ldots + a_j \mathbf{x}^j + \ldots + a_p \mathbf{x}^p$$

Nous supposons par la suite que la dimension de W est égale à p, ce qui revient à dire que les p caractères $\mathbf{x}^j$ forment une base de W, ou encore que le rang de la matrice :

$$\mathrm{X}_{np} = \begin{pmatrix} x_1^1 & \ldots & x_1^j & \ldots & x_1^p \\ x_i^1 & \ldots & x_i^j & \ldots & x_i^p \\ x_n^1 & \ldots & x_n^j & \ldots & x_n^p \end{pmatrix}$$

est égal à p.

En notation abrégée, on pose :

$$W = \{\xi \in \mathbf{R}^n / \xi = X\mathbf{a}, \mathbf{a} \in \mathbf{R}^p\}$$

Comme en analyse en composantes principales, nous supposons que l'espace des caractères est muni du produit scalaire associé à la matrice diagonale des poids :

$$D = \begin{pmatrix} p_1 & & & & \bigcirc \\ & \ddots & & & \\ & & p_i & & \\ & & & \ddots & \\ \bigcirc & & & & p_n \end{pmatrix}$$

Sur l'espace des caractères centrés, on a vu que le produit scalaire et la covariance sont identiques :

$${}^t\mathbf{x}^j D\mathbf{x}^k = s_{jk}$$

de même la norme et la variance :

$$\|\mathbf{x}^j\|^2 = s_j^2$$

La distance entre deux caractères est donnée par :

$$d^2(\mathbf{x}^j, \mathbf{x}^k) = \|\mathbf{x}^j - \mathbf{x}^k\|^2$$
$$= {}^t(\mathbf{x}^j - \mathbf{x}^k)\, D(\mathbf{x}^j - \mathbf{x}^k)$$

Dans l'espace des caractères on peut schématiquement représenter $W \in \mathbf{R}^n$ et $\mathbf{y} \in \mathbf{R}^n$ par la figure suivante :

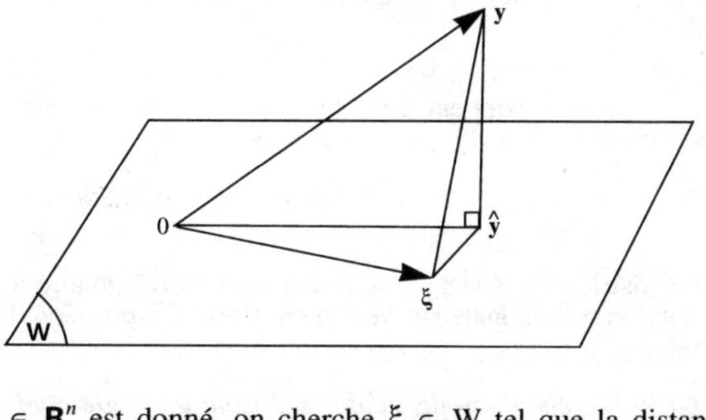

$\mathbf{y} \in \mathbf{R}^n$ est donné, on cherche $\xi \in W$ tel que la distance entre $\mathbf{y}$ et ξ soit minimum, le critère des moindres carrés peut donc s'écrire :

$$\min_{\xi \in W} \|\mathbf{y} - \xi\|^2$$

Dans la suite, nous obtenons $\hat{\mathbf{y}}$ le point de W le plus proche de $\mathbf{y}$: $\hat{\mathbf{y}}$ *est la projection orthogonale de* $\mathbf{y}$ *sur* W.

B) *Recherche du projecteur orthogonal sur* W. — Nous appelons *projecteur orthogonal* sur W l'application linéaire de $\mathbf{R}^n$ dans $\mathbf{R}^n$ faisant correspondre à tout vecteur de $\mathbf{R}^n$ sa projection orthogonale sur W.

Notons A la matrice de cette application :

$$\mathbf{y} \to A\mathbf{y} = \hat{\mathbf{y}}$$

avec ${}^t(\mathbf{y} - \hat{\mathbf{y}})\, D\hat{\mathbf{y}} = 0$ (orthogonalité).

Nous allons maintenant voir comment A peut être construit à partir des vecteurs $\mathbf{x}^1, \ldots, \mathbf{x}^j, \ldots \mathbf{x}^p$, base de W.

Tout vecteur $\xi \in$ W peut s'écrire sous la forme : $\xi = X\mathbf{a}$, en particulier $\hat{\mathbf{y}} \in$ W, pour lequel nous posons : $\hat{\mathbf{y}} = X\hat{\mathbf{a}}$.

$\mathbf{y} - \hat{\mathbf{y}}$ doit être orthogonal à tout vecteur de W, donc, en particulier aux vecteurs de base. On a par conséquent p équations : ${}^t\mathbf{x}^j\, D(\mathbf{y} - \hat{\mathbf{y}}) = 0$, $j = 1, \ldots, p$ ou encore, puisque $\hat{\mathbf{y}} = X\hat{\mathbf{a}}$, $j = 1, \ldots, p$:

$${}^t\mathbf{x}^j\, D\mathbf{y} = {}^t\mathbf{x}^j\, DX\hat{\mathbf{a}}, \quad j = 1, 2, \ldots, p$$

Ces p équations s'écrivent sous la forme d'une seule équation matricielle :

$${}^tX\, DX\hat{\mathbf{a}} = {}^tX\, D\mathbf{y}$$

Puisque rang (X) = p, la matrice ${}^tX\, DX$ est inversible et, par conséquent :

$$\hat{\mathbf{a}} = ({}^tX\, DX)^{-1}\, {}^tX\, D\mathbf{y}$$

Le vecteur $\hat{\mathbf{a}}$ contient donc les p coefficients de la combinaison linéaire $\hat{\mathbf{y}} = \hat{a}_1\mathbf{x}^1 + \ldots + \hat{a}_j\mathbf{x}^j + \ldots + \hat{a}_p\mathbf{x}^p \in$ W la plus proche de $\mathbf{y}$.

De l'expression de $\hat{\mathbf{a}}$, on déduit l'expression de $\hat{\mathbf{y}} = X\hat{\mathbf{a}}$:

$$\hat{\mathbf{y}} = X({}^tX\, DX)^{-1}\, {}^tX\, D\mathbf{y}$$

La matrice $X({}^tX\, DX)^{-1}\, {}^tX\, D$ fait donc correspondre à $\mathbf{y}$ sa projection orthogonale sur W. On en déduit l'expression de A :

$$A = X({}^tX\, DX)^{-1}\, {}^tX\, D$$

C) Recherche de la droite de W *faisant un angle minimum.* — Nous allons maintenant montrer que $\hat{\mathbf{y}}$ est un vecteur de W faisant un angle minimum avec $\mathbf{y}$.

En effet, $\|\mathbf{y}\|^2 = \|\mathbf{y} - \hat{\mathbf{y}}\|^2 + \|\hat{\mathbf{y}}\|^2$ d'après Pythagore. Minimiser $\|\mathbf{y} - \hat{\mathbf{y}}\|^2$ revient donc à maximiser $\|\hat{\mathbf{y}}\|^2$ puisque $\|\hat{\mathbf{y}}\|^2$ = constante.

$\hat{\mathbf{y}}$ est donc le vecteur de W maximisant :

$$\cos^2 (\mathbf{y}, \hat{\mathbf{y}}) = \frac{\|\hat{\mathbf{y}}\|^2}{\|\mathbf{y}\|^2}$$

et, par conséquent, faisant l'angle minimum avec $\mathbf{y}$.

Remarquons enfin que, puisque nous avons considéré que les vecteurs $\mathbf{y}$ et $\mathbf{x}^j$, $j = 1, \ldots, p$, étaient centrés, le cosinus entre $\mathbf{y}$ et $\hat{\mathbf{y}}$ peut s'interpréter comme le coefficient de corrélation entre les caractères $\mathbf{y}$ et $\hat{\mathbf{y}}$.

2. **Recherche des caractères canoniques.**

A) *Présentation géométrique.* — Revenons maintenant au problème de l'analyse canonique. Nous disposons maintenant de deux ensembles de caractères $\mathbf{x}^1, \ldots, \mathbf{x}^j, \ldots, \mathbf{x}^p$ et $\mathbf{y}^1, \ldots, \mathbf{y}^k, \ldots, \mathbf{y}^q$.

De même qu'en régression multiple, nous supposons que ces $p + q$ caractères sont observés sur le même ensemble de n individus munis de poids $p_i > 0$, $i = 1, \ldots, n$ avec $\sum_{i=1}^{n} p_i = 1$.

Nous supposons également que les $p + q$ caractères sont centrés.

Chacun des $p + q$ caractères peut être représenté par un vecteur de $\mathbf{R}^n$:

$$x^j = \begin{pmatrix} x_1^j \\ \cdot \\ \cdot \\ \cdot \\ x_i^j \\ \cdot \\ \cdot \\ \cdot \\ x_n^j \end{pmatrix} \quad j = 1, \ldots, p$$

$$y^k = \begin{pmatrix} x_1^k \\ \cdot \\ \cdot \\ \cdot \\ x_i^k \\ \cdot \\ \cdot \\ \cdot \\ x_n^k \end{pmatrix} \quad k = 1, \ldots, q$$

Aux vecteurs $\mathbf{x}^j$ et $\mathbf{y}^k$ nous associons respectivement les sous-espaces vectoriels de $\mathbf{R}^n$ W_1 et W_2 :

$$W_1 = \{\xi \in \mathbf{R}^n / \xi = X\mathbf{a}, \mathbf{a} \in \mathbf{R}^p\}$$
$$W_2 = \{\boldsymbol{\eta} \in \mathbf{R}^n / \eta = X\mathbf{b}, \mathbf{b} \in \mathbf{R}^p\}$$

où X_{np} et Y_{nq} sont les matrices contenant respectivement en colonnes les vecteurs $\mathbf{x}^j$, $j = 1, \ldots, p$ et $\mathbf{y}^k$, $k = 1, \ldots, q$.

Les vecteurs $\mathbf{x}^j$ (et $\mathbf{y}^k$) étant centrés, les sous-espaces vectoriels W_1 (et W_2) contiennent des vecteurs centrés, combinaisons linéaires de vecteurs centrés.

Là encore, nous supposons que les $\mathbf{x}^j$ (les $\mathbf{y}^k$) forment une base de W_1 (de W_2) et donc que :

$$\dim(W_1) = p, \quad \dim(W_2) = q$$
$$\text{rang}(X) = p, \quad \text{rang}(Y) = q$$

Géométriquement, le problème de l'analyse canonique peut être formulé de la façon suivante :

Il s'agit de trouver $\boldsymbol{\xi} \in W_1$ et $\boldsymbol{\eta} \in W_2$ tel que :

$$\cos^2(\boldsymbol{\eta}, \boldsymbol{\xi}) = r^2(\xi, \boldsymbol{\eta})$$

soit maximum.

Remarque : on n'a pas supposé que les caractères $\mathbf{x}^j$ et $\mathbf{y}^k$ étaient réduits. En effet, W_1 et W_2 sont invariants lorsque les vecteurs de base sont multipliés par un scalaire et, par conséquent, $\cos^2(\boldsymbol{\xi}, \boldsymbol{\eta})$ ne dépend pas de la norme des vecteurs de base. On pourra par conséquent considérer des vecteurs centrés ou centrés réduits, l'angle entre $\boldsymbol{\xi} = X\mathbf{a}$ et $\boldsymbol{\eta} = X\mathbf{b}$ sera le même. En pratique, on effectue généralement les calculs sur des caractères centrés et réduits.

B) *Recherche des caractères canoniques.* — Supposons que les caractères ξ^1 et $\boldsymbol{\eta}^1$ soient solution du problème.

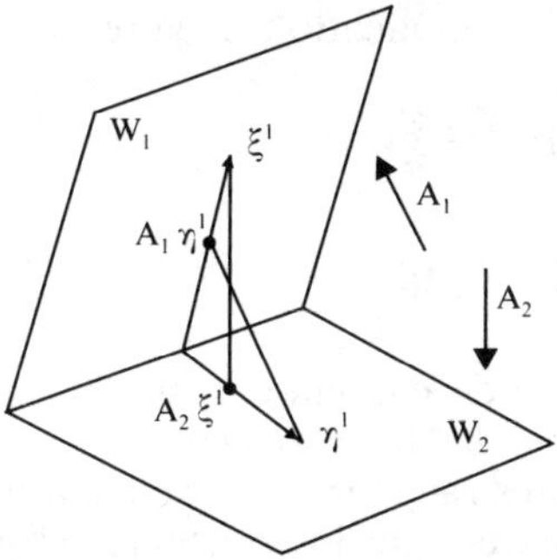

Puisque l'angle entre ξ et $\boldsymbol{\eta}$ ne dépend pas de leur norme, on suppose que $||\xi|| = ||\boldsymbol{\eta}|| = 1$.

$\boldsymbol{\eta}^1$ doit être colinéaire avec la projection orthogonale de ξ^1 sur W_2 qui est le vecteur de W_2 faisant un angle minimum avec ξ_1 d'après le paragraphe II.1.C.

Cette condition s'écrit :

$$A_2\, \xi^1 = r_1\, \boldsymbol{\eta}^1$$

où $r_1 = \cos(\xi^1, \boldsymbol{\eta}^1)$ et où A_2 est l'opérateur de projection orthogonale sur W_2.

On a de même :

$$A_1\, \boldsymbol{\eta}^1 = r_1\, \xi^1$$

On déduit de ces deux équations le système :

$$A_1\, A_2\, \xi^1 = \lambda_1\, \xi^1$$
$$A_2\, A_1\, \boldsymbol{\eta}^1 = \lambda_1\, \boldsymbol{\eta}^1$$

où $\lambda_1 = r_1^2 = \cos^2(\xi^1, \boldsymbol{\eta}^1)$.

On en déduit que ξ^1 et $\boldsymbol{\eta}^1$ sont respectivement vecteurs propres des opérateurs $A_1\, A_2$ et $A_2\, A_1$ associés à la même plus grande valeur propre λ_1, égale à leur cosinus carré (à leur corrélation carrée).

Les caractères ξ^1 et $\boldsymbol{\eta}^1$ se déduisent l'un de l'autre par une simple application linéaire :

$$\boldsymbol{\eta}^1 = \frac{1}{\sqrt{\lambda_1}} A_2 \xi^1$$

$$\xi^1 = \frac{1}{\sqrt{\lambda_1}} A_1 \boldsymbol{\eta}^1$$

Les caractères canoniques suivants sont les vecteurs propres de $A_1 A_2$ (resp. $A_2 A_1$) associés aux valeurs propres rangées en ordre décroissant. On peut en effet montrer que les vecteurs propres de $A_1 A_2$ sont orthogonaux pour D et que, par conséquent, $\cos^2(\xi^i, \xi^j) = \cos^2(\boldsymbol{\eta}^i, \boldsymbol{\eta}^j) = 0$ lorsque $i \neq j$. A chaque étape, on choisit le couple de caractères canoniques ξ^i, $\boldsymbol{\eta}^i$ associé à la plus grande valeur propre λ_i non encore sélectionnée.

On remarque que le nombre maximum de caractères canoniques est égal à min (p, q). En effet, en supposant $p < q$, les ξ^i, $i = 1, \ldots, p$, forment une base de W_1 et il n'est pas possible d'obtenir d'autres vecteurs appartenant à W_1 et orthogonaux aux ξ^i.

C) *Recherche des facteurs canoniques.* — Nous avons vu que, puisque $\xi \in W_1$, ξ peut s'écrire comme une combinaison linéaire des caractères $\mathbf{x}^1, \ldots, \mathbf{x}^p$:

$$\xi = a_1 \mathbf{x}^1 + \ldots + a_j \mathbf{x}^j + \ldots + a_p \mathbf{x}^p$$

ou encore, en posant ${}^t\mathbf{a} = (a_1, \ldots, a_p)$:

$$\xi = X\mathbf{a}$$

De même :

$$\boldsymbol{\eta} = X\mathbf{b}$$

Les facteurs canoniques **a** et **b** peuvent être calculés directement.

En posant :

$$A_1 = X({}^tX\,DX)^{-1}\,{}^tX\,D$$
$$A_2 = Y({}^tY\,DY)^{-1}\,{}^tY\,D$$

et en remplaçant dans les équations donnant ξ et η il vient :

$$X({}^tX\,DX)^{-1}\,{}^tX\,DY({}^tY\,DY)^{-1}\,{}^tY\,DX\mathbf{a} = \lambda X\mathbf{a}$$
$$Y({}^tY\,DY)^{-1}\,{}^tY\,DX({}^tX\,DX)^{-1}\,{}^tX\,DY\mathbf{b} = \lambda X\mathbf{b}$$

posons :

$$V_{11} = {}^tX\,DX$$
$$V_{22} = {}^tY\,DY$$
$$V_{12} = {}^tX\,DY = {}^tV_{21}$$

Nous avons déjà vu que V_{11} était identique à la matrice de variance-covariance des caractères x^j, de même V_{22} est la matrice de variance-covariance des y^k. Enfin V_{12} contient les covariances entre les x^j et les y^k.

Les équations précédentes se simplifient :

$$XV_{11}^{-1}V_{12}V_{22}^{-1}V_{21}\,\mathbf{a} = \lambda X\mathbf{a}$$
$$YV_{22}^{-1}V_{21}V_{11}^{-1}V_{12}\,\mathbf{b} = \lambda Y\mathbf{b}$$

Puisque les applications X et Y sont respectivement de rang p et q, on peut simplifier les équations précédentes qui deviennent :

$$V_{11}^{-1}V_{12}V_{22}^{-1}V_{21}\,\mathbf{a} = \lambda\mathbf{a}$$
$$V_{22}^{-1}V_{21}V_{11}^{-1}V_{12}\,\mathbf{b} = \lambda\mathbf{b}$$

Nous avons ainsi une manière de calculer les facteurs canoniques comme vecteurs propres de produits de matrices de covariance (1).

Les conditions de normalisation $\|\xi\|^2 = \|\eta\|^2 = 1$ deviennent :

$${}^t\xi\,D\xi = {}^t\mathbf{a}\,{}^tX\,DX\mathbf{a} = {}^t\mathbf{a}V_{11}\,\mathbf{a} = 1$$
$${}^t\boldsymbol{\eta}\,D\boldsymbol{\eta} = {}^t\mathbf{b}\,{}^tY\,DY\mathbf{b} = {}^t\mathbf{b}V_{22}\,\mathbf{b} = 1$$

(1) En pratique on utilisera les matrices de corrélation à la place des matrices de covariance, ce qui ne modifie pas les résultats.

Enfin **a** et **b** se déduisent l'un de l'autre par transformation linéaire : $\eta = \frac{1}{\sqrt{\lambda}} A_2 \xi$ devient $Y\mathbf{b} = \frac{1}{\sqrt{\lambda}} Y({}^tY\,DY)^{-1}\,{}^tY\,DX\mathbf{a}$

et en simplifiant :

$$\mathbf{b} = \frac{1}{\sqrt{\lambda}} V_{22}^{-1} V_{21}\,\mathbf{a}$$

de même :

$$\mathbf{a} = \frac{1}{\sqrt{\lambda}} V_{11}^{-1} V_{12}\,\mathbf{b}$$

On recherchera d'abord **a** si $p < q$ pour travailler sur la matrice de plus faible taille, et on en déduira ensuite **b**.

III. — Les résultats et leur interprétation

En introduction, nous avons souligné les difficultés rencontrées dans l'utilisation de l'analyse canonique. Toutefois, sur l'exemple des sauteurs de Thomas, nous allons tenter d'interpréter les résultats obtenus.

Les caractéristiques des caractères étudiés étaient les suivantes :

		Moyenne	*Écart type*
Premier groupe	TAIL	178	6,1
	POID	72,5	7,6
	DTH	261	15,7
	DTV	65,5	5,1
	FJAM	109	17,8
	VIT	33,5	1,3
	SAUL	583	39,1
	3SAU	11,4	0,9
Deuxième groupe	NSAU	10,1	1,8
	NELA	9,9	1,8
	NIMP	10,1	1,1
	NSUR	10	1,7

Matrice des corrélations du groupe 1 = V_{11}

	TAIL	POID	DTH	DTV	FJAM	VIT	SAUL	3SAU
TAIL	1,00							
POID	*0,77*	1,00						
DTH	0,51	0,27	1,00					
DTV	0,16	0,04	0,62	1,00				
FJAM	0,47	*0,74*	0,36	0,23	1,00			
VIT	– 0,23	– 0,09	– 0,43	– 0,33	– 0,05	1,00		
SAUL	0,29	0,05	0,59	0,39	0,06	– 0,63	1,00	
3SAU	0,31	– 0,02	0,64	0,47	– 0,05	– 0,54	*0,67*	1,00

Matrice des corrélations du groupe 2 = V_{22}

	NSAU	NELA	NIMP	NSUR
NSAU	1,00			
NELA	0,83	1,00		
NIMP	0,80	0,79	1,00	
NSUR	0,82	0,69	0,77	1,00

Matrice des corrélations du groupe 1 avec le groupe 2 = V_{12}

	NSAU	NELA	NIMP	NSUR
TAIL	0,03	0,08	0,05	– 0,05
POID	– 0,19	– 0,20	– 0,10	– 0,18
DTH	0,31	0,38	0,42	0,18
DTV	0,23	0,24	0,26	0,06
FJAM	– 0,09	– 0,07	0,03	– 0,11
VIT	– 0,53	– 0,58	– 0,57	– 0,41
SAUL	*0,75*	*0,71*	*0,68*	0,61
3SAU	0,58	0,50	0,63	0,43

On remarque que les caractères SAUL et 3SAU sont bien corrélés entre eux et aux différentes notes du jury. A part cela, l'examen des corrélations nous apporte peu de renseignements. On calcule ensuite les facteurs canoniques. Dans cet exemple, on a au plus quatre couples de facteurs associés à une valeur propre positive.

Les corrélations canoniques sont reportées dans le tableau suivant :

	Valeur propre	*Corrélation canonique*
1	0,707	0,841
2	0,309	0,556
3	0,177	0,421
4	0,060	0,246

Nous n'avons pas reproduit les coefficients des facteurs canoniques, dont l'interprétation est difficile compte tenu des différences d'échelle de mesure entre caractères.

Par contre les corrélations entre caractères initiaux et caractères canoniques sont plus aisément interprétables. Celles-ci sont reproduites dans le tableau suivant.

Variables canoniques du groupe 1

	ξ^1	ξ^2	ξ^3	ξ^4
TAIL	0,073	– 0,025	– 0,355	0,330
POID	– 0,208	0,290	– 0,181	0,081
DTH	0,468	0,197	– 0,666	0,117
DTV	0,324	0,183	– 0,464	0,648
FJAM	– 0,061	0,328	– 0,354	– 0,014
VIT	– 0,705	– 0,012	0,404	0,106
SAUL	*0,918*	– 0,066	0,013	0,094
3SAU	*0,741*	0,436	– 0,169	0,293
NSAU	0,809	– 0,027	0,102	0,029
NELA	0,768	– 0,177	– 0,091	– 0,033
NIMP	0,762	0,174	– 0,052	– 0,063
NSUR	0,667	– 0,013	0,184	– 0,104

Variables canoniques du groupe 2

	η^1	η^2	η^3	η^4
NSAU	*0,962*	– 0,049	0,243	0,117
NELA	*0,913*	– 0,318	– 0,217	– 0,135
NIMP	*0,906*	0,313	– 0,124	– 0,256
NSUR	*0,793*	– 0,023	0,437	– 0,423
TAIL	0,061	– 0,014	– 0,149	0,081
POID	– 0,175	0,161	– 0,076	0,020
DTH	0,394	0,109	– 0,280	0,029
DTV	0,273	0,101	– 0,195	0,159
FJAM	– 0,051	0,182	– 0,149	– 0,003
VIT	– 0,593	– 0,006	0,170	0,026
SAUL	0,772	– 0,036	0,005	0,023
3SAU	0,623	0,242	– 0,071	0,072

On constate que ξ^1 est fortement corrélé aux variables de performance, SAUL et 3SAU, tandis que $\boldsymbol{\eta}^1$ est corrélé aux quatre notes du jury. Dans une moindre mesure, ξ^2 semble corrélé à FJAM et à 3SAU, tandis que $\boldsymbol{\eta}^2$ est corrélé à NELA et à NIMP.

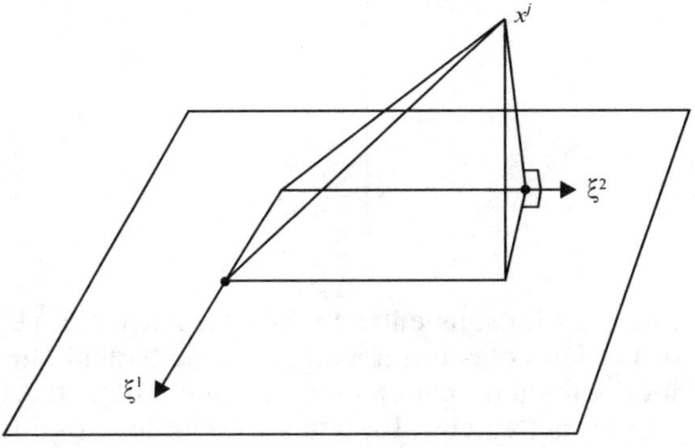

Compte tenu de la faiblesse des corrélations on ne retiendra cette interprétation qu'avec prudence, de plus l'examen de V_{12} ne semble pas la confirmer de façon évidente.

L'ensemble des caractères initiaux peut être représenté sur les plans des deux caractères ξ^1 et ξ^2 (ou $\boldsymbol{\eta}^1$, $\boldsymbol{\eta}^2$).

La coordonnée d'un caractère normé $\mathbf{x}^j$ (ou $\mathbf{y}^k$) est donnée par le cosinus entre $\mathbf{x}^j$ et ξ^1 ou ξ^2.

On obtient le graphique suivant :

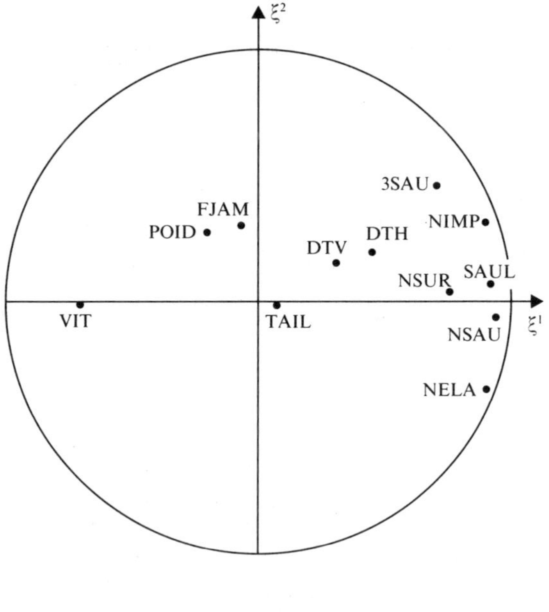

A part les liaisons entre les performances (SAUL, 3SAU) et les notes qui apparaissent nettement sur le premier caractère canonique, aucune autre liaison n'apparaît nettement. La vitesse semble s'opposer aux performances et aux notes, le triple saut semble plus lié à la note d'impulsion qu'à la note d'élan. Ces quelques résultats auraient pu être obtenus en examinant de plus près les corrélations entre caractères.

IV. — **Conclusion**

L'intérêt de l'analyse canonique réside essentiellement dans ses aspects méthodologiques. Nous avons vu que la régression multiple pouvait être considérée comme un cas particulier. Par la suite, nous verrons qu'il en est de même pour l'analyse des correspondances et l'analyse factorielle discriminante.

De plus, J. D. Carroll (1) a proposé une généralisation de l'analyse canonique à l'analyse de plus de deux groupes de variables.

Le principe de cette généralisation est simple. On dispose de m ensembles de caractères numériques centrés représentés par les tableaux X_1, X_2, ..., X_i, ..., X_m, soit W_i le potentiel de prévision associé à X_i. On recherche un nouveau caractère $\mathbf{z} \in \mathbf{R}^n$ maximisant la somme des corrélations :

$$\sum_{i=1}^{m} \mathrm{cor}^2(\mathbf{z}, \xi_i)$$

où $\xi_i \in W_i$.

On montre aisément que $\mathbf{z}$ est solution de

$$\left(\sum_{i=1}^{m} A_i\right) \mathbf{z} = \mu \mathbf{z}$$

(1) J. D. Carroll, *A generalisation of canonical correlation analysis to three or more sets of variables*, 76th Convention American Psychological Association, 1968.

Dans le cas où $m = 2$, on obtient le schéma suivant au carré :

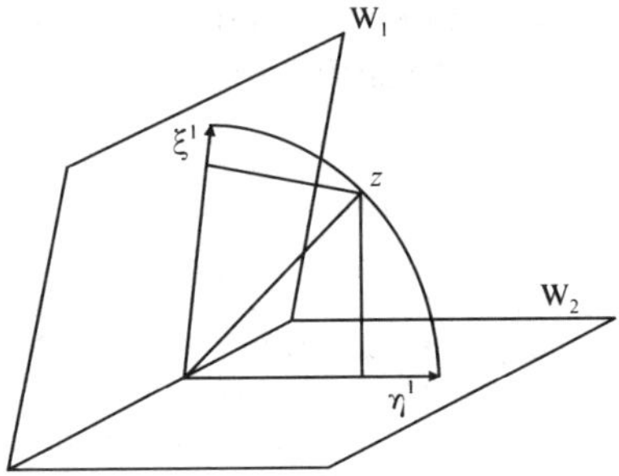

z est colinéaire à la bissectrice de $\boldsymbol{\xi}^1$ et $\boldsymbol{\eta}^2$.

L'analyse canonique généralisée présente trois cas particuliers intéressant :

— l'analyse canonique simple dans le cas où $m = 2$;
— l'analyse en composantes principales dans le cas où il n'y a qu'un seul caractère par groupe ;
— l'analyse des correspondances multiples dans le cas où les tableaux X_i sont des tableaux de variables indicatrices.

Chapitre V

L'ANALYSE FACTORIELLE DES CORRESPONDANCES

Proposée dans les années soixante par J.-P. Benzécri pour l'étude des tableaux de contingence (croisement de deux caractères nominaux), l'analyse des correspondances a été étendue par la suite au cas d'un nombre quelconque de caractères. Par ses propriétés mathématiques et la richesse de ses interprétations, l'analyse des correspondances est devenue la méthode privilégiée de description des données qualitatives. Elle constitue en particulier un des outils les plus puissants pour le dépouillement des enquêtes.

Nous étudierons d'abord l'analyse des tableaux de contingence avant d'aborder l'analyse des correspondances multiples.

I. — Présentation de la méthode

Comme nous l'avons vu au chapitre premier, un tableau de contingence, ou tableau croisé, est un tableau N d'effectifs n_{ij} correspondant à la ventilation des individus selon deux caractères qualitatifs.

Ainsi le tableau suivant donne la répartition des $n = 202\ 100$ baccalauréats délivrés en 1976 selon la

Abréviation		*Philosophie Lettres A*	*Économique et social B*	*Mathématiques et sciences physiques C*	*Mathématiques et sciences de la nature D*	*Mathématiques et technique E*	*Technique industrielle F*	*Technique économique G*	*Technique informatique H*	*Ensemble*
		Nombre de baccalauréats (1976)								
ILDF	Ile-de-France	9 724	5 650	8 679	9 432	839	3 353	5 355	83	43 115
CHAM	Champagne-Ardennes	924	464	567	984	132	423	736	12	4 242
PICA	Picardie	1 081	490	830	1 222	118	410	743	13	4 907
HNOR	Haute-Normandie	1 135	587	686	904	83	629	813	13	4 850
CENT	Centre	1 482	667	1 020	1 535	173	629	989	26	6 521
BNOR	Basse-Normandie	1 033	509	553	1 063	100	433	742	13	4 446
BOUR	Bourgogne	1 272	527	861	1 116	219	769	1 232	13	6 009
NOPC	Nord-Pas-de-Calais	2 549	1 141	2 164	2 752	587	1 660	1 951	41	12 845
LORR	Lorraine	1 828	681	1 364	1 741	302	1 289	1 683	15	8 903
ALSA	Alsace	1 076	443	880	1 121	145	917	1 091	15	5 688
FRAC	Franche-Comté	827	333	481	892	137	451	618	18	3 757
PAYL	Pays de la Loire	2 213	809	1 439	2 623	269	990	1 783	14	10 140
BRET	Bretagne	2 158	1 271	1 633	2 352	350	950	1 509	22	10 245
PCHA	Poitou-Charentes	1 358	503	639	1 377	164	495	959	10	5 505
AQUI	Aquitaine	2 757	873	1 466	2 296	215	789	1 459	17	9 872
MIDI	Midi-Pyrénées	2 493	1 120	1 494	2 329	254	855	1 565	28	10 138
LIMO	Limousin	551	297	386	663	67	334	378	12	2 688
RHOA	Rhône-Alpes	3 951	2 127	3 218	4 743	545	2 072	3 018	36	19 170
AUVE	Auvergne	1 066	579	724	1 239	126	476	649	12	4 871
LARO	Languedoc-Roussillon	1 844	816	1 154	1 839	156	469	993	16	7 287
PROV	Prov.-Alpes-Côte d'Az.	3 944	1 645	2 415	3 616	343	1 236	2 404	22	15 625
CORS	Corse	327	31	85	178	9	27	79	0	736
	Ensemble	45 593	21 653	32 738	46 017	5 333	19 656	30 749	451	202 100

région (p = 22 modalités) et la section (q = 8 modalités).

Les deux caractères ne sont visiblement pas indépendants car on s'aperçoit aisément que la répartition des baccalauréats selon la section diffère notablement d'une région à l'autre. Le problème est alors d'analyser la structure de cette dépendance et d'en faire ressortir les traits principaux.

Remarquons tout d'abord qu'un tableau de contingence peut se lire de deux manières différentes : selon ses lignes ou selon ses colonnes. Cela répond à deux préoccupations différentes.

a) Si on désire savoir pour chaque région comment se répartissent les bacheliers selon les différentes sections on calculera les pourcentages en ligne en divisant les effectifs n_{ij} de la ligne n° i par le total $n_{i.}$ de la ligne.

On obtient ce qu'on appelle les profils des lignes. Le profil de la région Lorraine est ainsi le suivant :

LORR (en %)	A	B	C	D	E	F	G	H
	20,5	7,6	15,3	19,6	3,4	14,5	18,9	0,2

Ce profil est à comparer avec la répartition des baccalauréats toutes régions confondues appelé profil marginal.

Ensemble des régions (en %)	A	B	C	D	E	F	G	H
	22,6	10,7	16,2	22,8	2,6	9,7	15,2	0,2

On constate en Lorraine une surreprésentation des bacs techniques E, F, G, et une sous-représentation des bacs classiques par rapport à la moyenne nationale.

Le profil marginal est aussi le profil moyen car il est la moyenne des profils des lignes pondérées par le poids n_i de chaque ligne.

b) Si réciproquement on veut savoir de quelle région proviennent les bacheliers de chaque section on calculera les profils des colonnes en divisant les effectifs n_{ij} de la colonne j par $n_{.j}$ total de la colonne.

Aussi le profil du bac A est donné dans le tableau suivant (en %) :

	Bac A	*Tous bacs confondus*		*Bac A*	*Tous bacs confondus*
ILDF	21,3	21,3	PAYL	4,9	5
CHAM	2	2,1	BRET	4,7	5,1
PICA	2,4	2,4	PCHA	3	2,7
HNOR	2,5	2,4	AQUI	6	4,9
CENT	3,3	3,2	MIDI	5,5	5
BNOR	2,3	2,2	LIMO	1,2	1,3
BOUR	2,8	3	RHOA	8,7	9,8
NOPC	5,6	6,4	AUVE	2,3	2,4
LORR	4	4,4	LARO	4	3,6
ALSA	2,4	2,8	PROV	8,7	7,7
FRAC	1,8	1,9	CORS	0,7	0,4

Ce profil doit être comparé au profil marginal des 22 régions, tous baccalauréats confondus, qui mesure la part prise par chaque région dans la « production » nationale de bacheliers.

On constate ainsi qu'il provient nettement plus de bacheliers A de la Provence, du Languedoc-Roussillon et du Midi-Pyrénées que ne l'explique la seule importance numérique de ces régions.

Si on appelle D_1 et D_2 les matrices diagonales des effectifs marginaux :

$$D_1 = \begin{pmatrix} n_{1\bullet} & & & \bigcirc \\ & n_{2\bullet} & & \\ & & \ddots & \\ \bigcirc & & & n_{p\bullet} \end{pmatrix} \qquad D_2 = \begin{pmatrix} n_{\bullet 1} & & & \bigcirc \\ & n_{\bullet 2} & & \\ & & \ddots & \\ \bigcirc & & & n_{\bullet q} \end{pmatrix}$$

le tableau renfermant les p profils des lignes est le produit matriciel :

$$D_1^{-1} N = \left(\frac{n_{ij}}{n_{i\bullet}}\right)$$

Le tableau des profils des colonnes est le produit matriciel :

$$N D_2^{-1} = \left(\frac{n_{ij}}{n_{\bullet j}}\right)$$

Deux approches sont alors concevables selon qu'on s'intéresse aux lignes ou aux colonnes de N : si on s'intéresse aux lignes de N on peut considérer le tableau D_1^{-1} N des profils de ligne comme un tableau individus-caractères particulier et effectuer une analyse en composantes principales. Les « individus » de cette analyse sont les profils des lignes munis des poids $\frac{n_{1\bullet}}{n}, \frac{n_{2\bullet}}{n}, \ldots, \frac{n_{p\bullet}}{n}$. L'ACP revient alors à étudier la dispersion du nuage des p profils dans $\mathbf{R}^q$ autour de leur centre de gravité qui n'est autre que le profil marginal $\left(\frac{n_{\bullet 1}}{n}, \frac{n_{\bullet 2}}{n}, \ldots, \frac{n_{\bullet q}}{n}\right)$ en d'autres termes on cherche à rendre compte de l'écartement entre les $n_{ij}/n_{i\bullet}$ et les $n_{\bullet j}/n$, ce qui est une façon d'analyser la dépendance entre les deux caractères qualitatifs.

Inversement, si on s'intéresse aux colonnes de N, c'est le tableau N D_2^{-1} ou plutôt son transposé $D_2^{-1}\,{}^t N$ qui jouera le rôle de tableau « individus »-caractères : on étudie alors la configuration des q profils des colonnes dans $\mathbf{R}^p$.

Cependant, pour effectuer l'une ou l'autre de ces deux ACP, il faut choisir une métrique pour calculer les distances entre profils et ce choix (la métrique du χ^2) peut ne pas apparaître naturel d'emblée. De plus, en ne considérant que les profils on perd de vue les données de base qui sont les n individus décrits par deux caractères qualitatifs. C'est pour ces raisons que nous préférons l'approche suivante utilisant la mise sous forme disjonctive des données qui, de plus, se généralise aisément pour plus de deux caractères.

Rappelons que cette opération consiste à éclater chaque caractère qualitatif en autant de caractères numériques (prenant uniquement les valeurs 1 et 0) qu'il y a de modalités. Ainsi dans notre exemple le caractère « région » est représenté par un tableau X_1 à n lignes et 22 colonnes et le caractère « section » par un tableau X_2 à n lignes et 8 colonnes.

$$
\begin{array}{cc}
\text{Région} & \text{Section} \\
X_1 = \begin{array}{c} \\ 1 \\ \vdots \\ i \\ \vdots \\ n \end{array}\!\!\begin{array}{c} 1 \;\; 2 \ldots 22 \\ \begin{pmatrix} & & \\ & & \\ 0 & 1\;0\;0 & \ldots 0 \\ & & \\ & & \end{pmatrix} \end{array}
&
X_2 = \begin{array}{c} \\ 1 \\ \vdots \\ i \\ \vdots \\ n \end{array}\!\!\begin{array}{c} 1 \;\; 2 \ldots 8 \\ \begin{pmatrix} & & & \\ & & & \\ 1 & 0 & 0 & 0 \\ & & & \\ & & & \end{pmatrix} \end{array}
\end{array}
$$

L'individu i est un bachelier A de la région Champagne-Ardennes. Que le lecteur se rassure : il n'est évidemment pas question de manipuler réellement les tableaux X_1 et X_2 qui ont ici 202 100 lignes ! Le seul tableau que l'on manipule est en fait le tableau de contingence N qui est lié aux tableaux X_1 et X_2 par la formule :

$$N = {}^tX_1 X_2$$

La mise sous forme disjonctive des données n'est qu'une présentation mathématique commode dont l'intérêt est le suivant : on voit que l'étude de la liaison entre deux caractères qualitatifs n'est autre que l'étude des dépendances entre deux groupes de caractères numériques très particuliers : les indicatrices des modalités de chaque caractère qualitatif. Or l'analyse canonique étudiée au chapitre précédent est précisément la méthode d'analyse des liaisons entre deux groupes de caractères numériques.

L'analyse factorielle des correspondances consistera donc dans l'application de l'analyse canonique au cas particulier de deux tableaux disjonctifs.

II. — **Propriétés mathématiques**

1. **Analyse canonique des deux tableaux d'indicatrices** X_1 et X_2. — On sait que l'analyse canonique

revient à chercher les couples de caractères canoniques $(\xi, \boldsymbol{\eta})$ les plus corrélés possibles. On a $\xi = X_1\mathbf{a}$ et $\boldsymbol{\eta} = X_2\mathbf{b}$ où **a** et **b** sont les facteurs canoniques.

Examinons pour ξ à quoi revient cette opération lorsque X_1 est un tableau d'indicatrices et prenons pour fixer les idées le tableau suivant à 6 lignes et 3 colonnes :

$$X_1 = \begin{pmatrix} 100 \\ 100 \\ 010 \\ 010 \\ 001 \\ 001 \end{pmatrix} \qquad \mathbf{a} = \begin{pmatrix} a_1 \\ a_2 \\ a_3 \end{pmatrix} \qquad \xi = \begin{pmatrix} a_1 \\ a_1 \\ a_2 \\ a_2 \\ a_3 \\ a_3 \end{pmatrix}$$

le caractère ξ est alors un caractère numérique possédant les propriétés suivantes : il n'a que trois valeurs distinctes a_1, a_2 ou a_3 et deux individus ayant la même modalité prennent sur ξ la même valeur numérique. Le caractère ξ réalise donc la transformation du caractère qualitatif en un caractère numérique ; on a effectué ainsi une *quantification* (certains auteurs parlent aussi de « codage ») du caractère qualitatif initial.

Effectuer l'analyse factorielle des correspondances de N ou l'analyse canonique de X_1 et X_2 revient donc à chercher la quantification optimale des deux caractères qualitatifs en ce sens que ξ et $\boldsymbol{\eta}$ sont les plus corrélés possible (la prévision de l'un par l'autre est alors la meilleure possible).

En analyse canonique normale on travaille sur des tableaux X_1 et X_2 de caractères centrés : ici cependant les valeurs 0 et 1 signifiant présence ou absence d'une modalité, en faire la moyenne n'a guère de sens. On travaillera sur les tableaux d'indicatrices X_1 et X_2 non centrées, ce qui ne présente aucun inconvénient mathématique bien au contraire : en effet la somme des indicatrices d'un même caractère vaut toujours 1 (une modalité et une seule est prise par un individu), la somme des vecteurs colonnes de X_1 est alors égale à la somme des vecteurs colonnes de X_2 : c'est le vecteur **1** dont toutes les composantes sont égales à 1.

Les espaces W_1 et W_2 ont donc en commun le vecteur **1** qui apparaîtra automatiquement comme première solution, dite « triviale », de l'analyse canonique avec la valeur propre $\lambda_0 = 1$ $\xi^0 = \eta^0 = \mathbf{1}$.

Si $p < q$ il y a $(p-1)$ couples de caractères canoniques non triviaux ($q-1$ si $p > q$) $(\xi^1 ; \eta^1)$; $(\xi^2 ; \eta^2)$; ... ; $(\xi^{p-1} ; \eta^{p-1})$ qui sont orthogonaux à $\xi^0 = \eta^0 = \mathbf{1}$: être orthogonal à **1** signifie alors que les ξ^i et les η^i ont une moyenne nulle : ce sont donc des caractères centrés ; il n'était donc pas nécessaire de centrer les tableaux X_1 et X_2.

Les facteurs canoniques **a** sont solution de l'équation :

$$V_{11}^{-1} V_{12} V_{22}^{-1} V_{21} \mathbf{a} = \lambda \mathbf{a}$$

où $V_{ij} = {}^t X_i D X_j$

En analyse des correspondances on supposera que les poids des n individus sont tous égaux à $1/n$, donc $D = \frac{1}{n} I$.

On voit alors que $V_{12} = \frac{1}{n} {}^t X_1$ et X_2 ; V_{12} est donc égal au tableau de contingence normalisé $\frac{1}{n} N$.

Comme on le constate aisément, V_{11} et V_{22} ne sont autres que les matrices diagonales des profils marginaux $V_{11} = \frac{1}{n} D_1$.

La matrice $V_{11}^{-1} V_{12}$ n'est autre alors que le tableau des profils des lignes $D_1^{-1} N$. La matrice $V_{22}^{-1} V_{21}$ est la transposée du tableau des profils des colonnes ${}^t(N D_2^{-1})$.

On trouve de même les facteurs canoniques **b** en cherchant les vecteurs propres de $V_{22}^{-1} V_{21} V_{11}^{-1} V_{12} = D_2^{-1} {}^t N D_1^{-1} N$.

Les facteurs de l'analyse des correspondances sont donc des vecteurs propres du produit des deux tableaux de profils.

Entre les facteurs **b** et les facteurs **a** existe la relation :

$$\mathbf{b} = \frac{1}{\sqrt{\lambda}} V_{22}^{-1} V_{21} \mathbf{a}$$

soit ici :

$$\mathbf{b} = \frac{1}{\sqrt{\lambda}} D_2^{-1} \, {}^t\mathrm{N}\mathbf{a} \quad \text{et} \quad \mathbf{a} = \frac{1}{\sqrt{\lambda}} D_1^{-1} \mathrm{N}\mathbf{b}$$

Ces formules sont appelées « formules de transition ». Sous forme développée on trouve :

$$b_j = \frac{1}{\sqrt{\lambda}} \sum_{i=i}^{p} \frac{n_{ij}}{n_{\bullet j}} a_i \quad \text{et} \quad a_i = \frac{1}{\sqrt{\lambda}} \sum_{j=1}^{q} \frac{n_{ij}}{n_{i\bullet}} b_j$$

Dans notre exemple, comme $q = 8$ et $p = 22$ on cherchera d'abord les facteurs **b** et on en déduira ensuite les facteurs **a** par la formule de transition.

La somme des valeurs propres possède alors une propriété intéressante :

$$\lambda_0 + \lambda_1 + \lambda_2 + \ldots = \text{Trace } D_1^{-1} \, N \, D_2^{-1} \, {}^tN = \sum_i \sum_j \frac{n_{ij}^2}{n_{i\bullet}} n_{\bullet j}$$

Puisque $\lambda_0 = 1$ on trouve facilement que :

$$\lambda_1 + \lambda_2 + \ldots = \sum_i \sum_j \frac{\left(n_{ij} - \frac{n_{i\bullet} n_{\bullet j}}{n}\right)^2}{\frac{n_{i\bullet} n_{\bullet j}}{n}} = \frac{\chi^2}{n}$$

ce qui n'est autre que la mesure de dépendance du χ^2 entre deux caractères qualitatifs divisée par n (voir chapitre premier).

Les valeurs propres λ_i étant les carrés des coefficients de corrélation canonique, les caractères canoniques sont alors les couples de caractères numériques expliquant par ordre décroissant la dépendance entre les deux caractères qualitatifs du tableau de contingence.

2. **Analyses en composantes principales des tableaux de profils.** — Considérons le tableau des profils des lignes, soit sur notre exemple celui des pourcentages des différentes sections du baccalauréat pour chaque région : nous avons un tableau de 22 objets (les régions) décrits par 8 caractères (les pourcentages de chaque section). Pour effectuer une ACP sur ce tableau il faut définir une formule de distance entre objets, en d'autres termes une métrique.

A) *La métrique du* χ^2. — Cherchons par exemple la distance entre la région Lorraine (LORR) et la région Ile-de-France (ILDF) dont le profil est :

ILDF (en %)	A	B	C	D	E	F	G	H
	22,6	13,1	20,1	21,9	1,9	7,8	12,4	0,2

En adoptant la métrique euclidienne usuelle on risque de favoriser les différences entre les sections à fort effectif où les variations fortes sont fréquentes et de négliger les sections à faible effectif telles E et H où on n'observe que de faibles variations d'une région à l'autre.

Si on veut éviter ce phénomène il faut pondérer chaque caractère en tenant compte de son importance sur l'ensemble des régions.

On appelle métrique du χ^2 pour les lignes la métrique diagonale :

$$M_l = \begin{pmatrix} n/n_{\bullet 1} & & \bigcirc \\ & \ddots & \\ \bigcirc & & n/n_{\bullet q} \end{pmatrix} = n\, D_2^{-1}$$

définie par l'inverse du profil marginal des colonnes de N.

On pondère chaque « caractère » par l'inverse de son importance sur l'ensemble des individus :

$$d^2_{\chi^2}(\mathbf{e}_i\,;\,\mathbf{e}_k) = \sum_{j=1}^{q} \frac{n}{n_{\bullet j}} \left(\frac{n_{ij}}{n_{i\bullet}} - \frac{n_{kj}}{n_{k\bullet}}\right)^2$$

ainsi $d^2_{\chi^2}$ (LORR ; ILDF) = 13,0 (1).

La distance du χ^2 entre lignes possède entre autres propriétés celle de ne pas être modifiée si on regroupe deux colonnes ayant même profil.

On peut de la même manière définir la distance du χ^2 entre les profils des colonnes, par $M_c = n\, D_1^{-1}$.

B) *ACP des nuages des profils.* — Appliquons au tableau des profils des lignes le résultat du chapitre II « les facteurs principaux sont les vecteurs propres de MV ». La métrique M est ici $n\, D_2^{-1}$, la matrice V est égale à ${}^t\mathrm{X}\,\mathrm{DX}$ (2) où ici X est le tableau des profils $D_1^{-1}N$ et D la matrice de poids D_1.

En remplaçant on trouve que :

$$MV = D_2^{-1}\,{}^tN\, D_1^{-1}N$$

Les facteurs principaux sont donc identiques aux facteurs canoniques **b**.

Les composantes principales **c** ou coordonnées des profils-lignes s'obtiennent en prémultipliant **b** par le tableau de données (**c** = X**u**), soit **c** = $D_1^{-1}N\mathbf{b}$; d'après les formules de transition **c** n'est donc autre que le facteur canonique ou principal **a** multiplié par $\sqrt{\lambda}$.

(1) On pourrait en utilisant les distances du χ^2 effectuer une classification automatique sur les lignes du tableau N, la métrique du χ^2 étant euclidienne on utilisera alors la méthode des nuées dynamiques ou la méthode de Ward en classification ascendante.

(2) Pour des raisons déjà évoquées plus haut on fait une analyse en composantes principales sur les données *non centrées*.

On s'aperçoit alors que l'ACP du nuage des profils des lignes est équivalente à l'ACP du nuage des profils des colonnes : les facteurs principaux d'une analyse sont à $\sqrt{\lambda}$ près les composantes principales de l'autre et les valeurs propres sont les mêmes. Il y a *dualité* entre les deux analyses.

Les valeurs propres que nous avions interprétées comme des carrés de corrélation sont donc aussi des variances : leur somme (à la valeur triviale près) est égale à l'inertie totale de chacun des nuages de profils.

On peut alors reconstituer le tableau de contingence à l'aide de la formule :

$$n_{ij} = \frac{n_{i\bullet}\, n_{\bullet j}}{n} \left[1 + \sum_k \sqrt{\lambda_k}\, a_i^k\, b_j^k\right]$$

où les a_i^k et b_j^k sont les composantes des k-ièmes facteurs $\mathbf{a}^k$ et $\mathbf{b}^k$.

Les facteurs et les valeurs propres « expliquent » donc en quoi les n_{ij} s'écartent des $n_{i\bullet}\, n_{\bullet j}/n$, c'est-à-dire pourquoi il n'y a pas indépendance entre les deux caractères qualitatifs de tableau N.

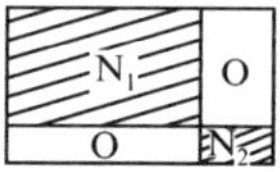

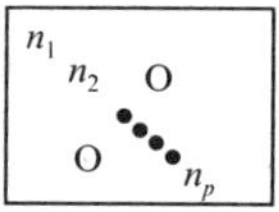

Une valeur propre non triviale égale à 1 indique que le tableau de contingence peut se séparer en deux sous-tableaux en réordonnant convenablement les lignes et les colonnes de N.

Un tableau de contingence diagonal (dépendance totale) ne fournirait que des valeurs propres égales à 1. Dans le cas de l'indépendance entre les deux caractères, toutes les valeurs propres λ_1, λ_2... seraient rigoureusement nulles.

2. **Les représentations graphiques.** — Elles constituent les résultats les plus significatifs mais leur

dépouillement ne peut se faire sans précaution et il convient avant tout de bien comprendre leur mode de construction, d'autant que diverses conventions sont possibles.

A) *Optique analyse canonique.* — La première idée qui vient à l'esprit consiste à projeter les indicatrices des modalités des deux caractères sur le plan (ξ^1, ξ^2) ou le plan (η^1, η^2) afin d'obtenir une figure comparable à un cercle des corrélations. Mais ici les indicatrices n'étant ni centrées, ni réduites, cette opération est dénuée de sens. La solution retenue est en fait la suivante : la modalité i du premier caractère est possédée par $n_{i\cdot}$ individus ayant des valeurs différentes de ξ^1 et ξ^2 ; on convient alors de représenter la modalité i par le centre de gravité de ces individus. On montre alors facilement que les coordonnées du point représentatif de la modalité i sont $a_i^1, a_i^2, \dots, a_i^k \dots$ Par contre, pour le deuxième caractère qualitatif, les coordonnées du point représentatif de la modalité j sont : $\sqrt{\lambda_1}\, b_j^1, \sqrt{\lambda_2}\, b_j^2, \dots \sqrt{\lambda_k}\, b_j^k \dots$

Sur le plan associé à ξ^1 et ξ^2 on obtiendra une figure du type :

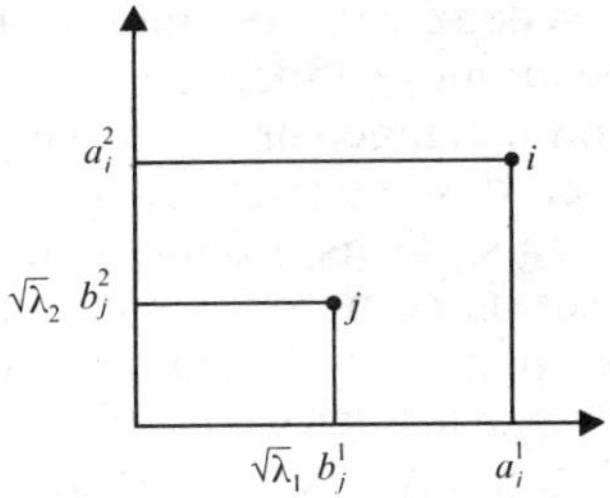

D'après les formules de transition on note que :

$$\sqrt{\lambda_k}\, b_j^k = \sum_{i=1}^{p} \frac{n_{ij}}{n_{i\cdot}}\, a_i^k$$

Le point représentatif de la modalité j est donc barycentre des points représentatifs des modalités du premier caractère.

Si on utilise les caractères (η^1, η^2) à la place de (ξ^1, ξ^2) on aura une autre figure où la modalité i sera représentée par le point ($\sqrt{\lambda_1}\, a_i^1$, $\sqrt{\lambda_2}\, a_i^2$) et la modalité j par (b_j^1, b_j^2). Ce sont alors les i qui sont les barycentres des j.

B) *Optique ACP.* — Si on considère les profils des lignes comme des individus (1re ACP) il est naturel de représenter les modalités du premier caractère par les coordonnées de ces profils sur les axes principaux. Or, les composantes principales s'obtiennent en multipliant les facteurs canoniques $\mathbf{a}^k$ par $\sqrt{\lambda_k}$: les modalités du premier caractère sont alors disposées selon la même figure qu'avec la représentation au moyen des caractères canoniques η^k. (On peut alors représenter les modalités du deuxième caractère en éléments supplémentaires comme centres de gravité des individus les possédant.)

Inversement la deuxième ACP sur les profils des colonnes conduit à représenter les modalités du deuxième caractère qualitatif selon la figure obtenue avec les ξ^k. On obtient alors deux représentations séparées des modalités de chaque caractère.

C) *La représentation simultanée usuelle.* — Elle consiste à représenter les modalités i du premier caractère par les points de coordonnées $\sqrt{\lambda_k}\, a_i^k$ et les modalités j du deuxième caractère par les points de coordonnées $\sqrt{\lambda_k}\, b_j^k$: ceci revient à superposer les graphiques des deux ACP, opération dont la justification mathématique est délicate dans le cadre de l'ACP puisqu'on mélange sur un même graphique des « individus » et des « caractères », éléments d'ensembles différents. Dans l'optique canonique ceci revient à utiliser un compromis entre les deux représentations possibles, afin de sauvegarder la symétrie des rôles joués par les deux ensembles de modalités. A des coefficients près ceci revient à travailler sur caractères moyens $\mathbf{z}^k = \dfrac{\xi^k + \eta^k}{2}$. On perd cependant l'usage des relations barycentriques.

Voici la représentation simultanée des régions et des sections des baccalauréats sur le plan principal (1, 2) qui représente plus de 80 % de l'inertie de chacun des deux nuages.

On constate alors que l'axe 1 oppose l'Ile-de-France à l'Alsace et la Lorraine d'une part ; et d'autre part les sections classiques (ABCD) aux sections techniques (EFGH). On met ici en évidence un premier facteur de différenciation entre régions : la spécialisation technique ou classique.

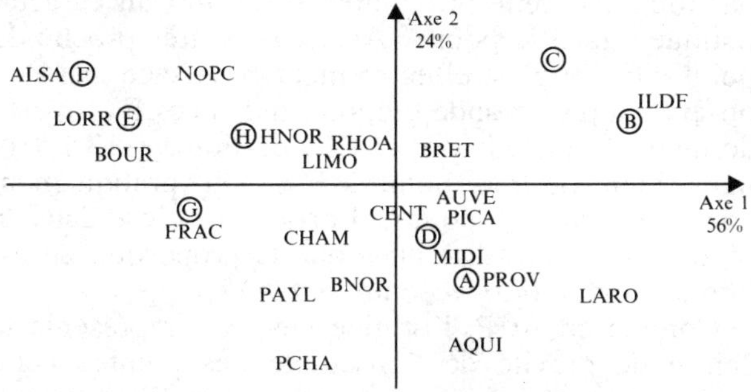

Le simple examen du graphique ne suffit pas à interpréter directement le deuxième axe pour lequel la variabilité est plus faible ; il faut recourir à l'étude des contributions (voir plus loin). On constate alors que le deuxième axe reflète l'opposition entre les régions du Sud à forte proportion de bacs A (littéraire) et la région Ile-de-France à forte proportion de bacs C (mathématique). En se reportant aux données, on vérifie que la Corse qui se trouve en bas du graphique est la région délivrant à la fois le moins de bacs C (11,5 %) et le plus de bacs A (44 %).

A condition qu'ils soient bien représentés sur le graphique (voir les cosinus carrés), on peut interpréter la proximité entre deux modalités d'un même caractère comme étant une similitude de profil (distance du χ^2 faible). Ainsi l'Alsace et la Lorraine qui occupent des positions voisines sur le plan principal ont à peu près la même répartition des baccalauréats.

L'interprétation de la proximité entre une modalité i d'un caractère et une modalité j de l'autre est plus périlleuse : on peut seulement dire que les individus possédant la modalité i ont le même centre de gravité que ceux qui possèdent la modalité j. Souvent, mais pas toujours, cette proximité révèle un trait caractéristique : ainsi le point « Alsace » est très proche du point « F » et c'est effectivement en Alsace que l'on observe la plus grande proportion de bacs F (16,1 %) de même pour le bac B et l'Ile-de-France (13,1 %) ; mais bien que le point « E » soit pratiquement confondu avec le point « Lorraine », c'est dans la région Nord-Pas-de-Calais que la proportion en est la plus grande (4,6 % contre 3,4 %).

Comme en ACP, l'origine des axes représente le centre de gravité de l'ensemble des points : cette notion se confond ici avec celle de profil marginal. L'origine est donc la moyenne de la France à la fois pour les régions et pour les types de bac.

3. **L'étude des contributions.** — Pour interpréter correctement les graphiques, il faut comme en ACP tenir compte, d'une part, de la proximité entre points et plans principaux et, d'autre part, du rôle joué par chaque point dans la détermination d'un axe. Les données étant qualitatives on n'utilise pas ici les corrélations entre caractères et axes principaux mais les contributions.

A) *Contribution des points à l'inertie des axes.* — Les coordonnées des modalités sur les axes étant $\sqrt{\lambda_k}\, a_i^k$ et $\sqrt{\lambda_k}\, b_j^k$, l'inertie λ_k du k-ième axe peut se décomposer selon les modalités du premier caractère ou celles du second :

$$\lambda_k = \sum_{i=1}^{p} p_{i\cdot} (\sqrt{\lambda_k}\, a_i^k)^2 = \sum_{i=1}^{q} p_{\cdot j} (\sqrt{\lambda_k}\, b_j^k)^2$$

	Contributions			
	Δ1	Δ2	Δ3	Δ4
	Points colonnes			
A	5,2	*30,7*	23,8	5,1
B	15,5	12,0	1,3	*35,5*
C	10,6	*32,8*	4,5	17,7
D	1,1	8,0	*46,6*	0,0
E	8,5	1,1	16,7	*29,5*
F	*39,5*	11,9	3,9	0,9
G	19,5	3,4	2,0	11,2
H	0,2	0,1	1,1	0,1
	100	100	100	100
	Points lignes			
ILDF	*36,0*	*22,4*	5,3	0,3
CHAM	0,6	0,5	1,4	3,3
PICA	0,2	0,2	1,6	0,4
HNOR	1,0	0,3	*14,3*	*19,5*
CENT	0,0	0,2	0,5	0,0
BNOR	0,1	2,0	0,4	11,5
BOUR	9,2	0,1	5,6	0,3
NOPC	9,2	7,5	3,2	*37,4*
LORR	*16,2*	1,2	8,5	1,2
ALSA	*13,1*	2,7	7,9	1,8
FRAC	2,6	0,5	2,0	0,1
PAYL	2,2	5,9	5,4	0,1
BRET	0,1	1,1	7,4	0,5
PCHA	0,7	*9,7*	1,8	0,6
AQUI	0,7	*14,5*	6,6	0,6
AQUI	0,7	*14,5*	6,6	6,4
MIDI	0,3	3,2	0,0	1,1
LIMO	0,4	0,2	1,8	2,0
RHOA	0,5	2,1	9,7	1,3
AUVE	0,2	0,0	5,5	1,5
LARO	4,0	4,2	1,3	0,1
PROV	1,6	7,2	2,0	0,1
CORS	1,1	*14,4*	7,7	10,8
	100	100	100	100

La part de λ_k due à la modalité i est donc $p_{i.}(a_i^k)^2$: c'est la contribution de la modalité i à l'axe k (1).

Voici en pourcentage la liste des contributions des points aux quatre premiers axes (voir tableau p. 99).

Pour interpréter les axes, on recherche les contributions les plus importantes *(en italique)*. L'interprétation des deux premiers axes ayant été donnée plus haut, nous n'y reviendrons pas. Afin que le lecteur ne s'imagine pas que seuls deux axes ont un intérêt, examinons les renseignements apportés par le 3e et le 4e axe. Il est courant en pratique d'interpréter jusqu'à 5 axes.

Le 3e axe représente essentiellement le bac D et met en évidence le rôle particulier de la région Haute-Normandie ; on constate en retournant aux données que cette région présente en effet le plus faible pourcentage de bacs D (18,6 %).

L'axe 4 qui est lié aux bacs B et E isole la région Nord - Pas-de-Calais caractérisée à la fois par un très fort pourcentage de bacs E et un faible pourcentage de bacs B.

B) *Proximités entre points et axes principaux* (2). — Comme en ACP on utilise le cosinus carré de l'angle entre les « individus » ici profils ligne et les profils colonne et l'axe principal pour mesurer la qualité de la représentation dans les plans principaux. La somme de ces cosinus carrés pour un même individu et sur *tous* les axes est égale à 1.

On vérifie ainsi que l'axe 3 est bien caractéristique du bac D, tandis que le bac H est mal représenté par les 4 premiers axes : sans doute forme-t-il à lui seul un axe ultérieur.

(1) Souvent appelée improprement contribution absolue.

(2) Improprement, appelées contributions relatives.

Cosinus carrés avec les axes

A	0,23	0,58	0,14	0,02
B	0,61	0,20	0,01	0,13
C	0,38	0,51	0,02	0,06
D	0,09	0,28	0,53	0,00
E	0,52	0,03	0,14	0,17
F	0,85	0,11	0,01	0,00
G	0,80	0,06	0,01	0,04
H	0,09	0,03	0,07	0,00
ILDF	0,77	0,21	0,02	0,00
CHAM	0,39	0,13	0,12	0,19
PICA	0,20	0,07	0,22	0,03
HNOR	0,18	0,02	0,36	0,33
CENT	0,02	0,16	0,12	0,00
BNOR	0,05	0,38	0,03	0,48
BOUR	0,81	0,00	0,07	0,00
NOPC	0,54	0,19	0,03	0,21
LORR	0,89	0,03	0,07	0,01
ALSA	0,80	0,07	0,07	0,01
FRAC	0,71	0,06	0,08	0,00
PAYL	0,30	0,35	0,10	0,00
BRET	0,03	0,17	0,38	0,02
PCHA	0,13	0,78	0,05	0,01
AQUI	0,08	0,73	0,11	0,07
MIDI	0,15	0,63	0,00	0,05
LIMO	0,20	0,04	0,14	0,10
RHOA	0,15	0,26	0,39	0,03
AUVE	0,09	0,00	0,47	0,08
LARO	0,66	0,31	0,03	0,00
PROV	0,30	0,61	0,05	0,00
CORS	0,11	0,63	0,11	0,10

III. — L'analyse des correspondances multiples

1. **Les données.** — On relève sur *n* individus non plus deux mais *p* caractères qualitatifs. C'est en particulier le cas des enquêtes par questionnaire où chaque question définit un caractère dont les modali-

tés sont les différentes réponses possibles (une seule réponse pouvant être donnée à une question).

Ainsi dans une enquête (1) portant sur les films regardés à la télévision en 1978 6 083 individus (des téléspectateurs) sont décrits par $p = 92$ caractères, totalisant 298 modalités : 72 concernent des films et comportent 3 modalités (non vu, vu en totalité, vu partiellement), les 20 autres caractérisant l'interviewé (âge, niveau d'instruction, région d'habitation, etc.).

A chaque caractère j on associe alors l'ensemble des indicatrices de ses m_j modalités : les données constituent alors le tableau disjonctif X à n lignes et $m_1 + m_2 + \dots + m_p$ colonnes :

$$X = \begin{matrix} 1 \\ 2 \\ \vdots \\ n \end{matrix} \left(\begin{array}{c|c|c|c|c|c} X_1 & X_2 & \dots & X_j & \dots & X_p \end{array} \right)$$

2. **La méthode.** — L'analyse des correspondances « simples » consistait à appliquer l'analyse canonique à deux tableaux d'indicatrices. Puisqu'il y a maintenant p tableaux d'indicatrices, on utilise la généralisation de l'analyse canonique proposée par J. D. Carroll (voir chap. IV, fin) qui consiste à représenter les individus au moyen de nouveaux caractères $\mathbf{z}^1$, $\mathbf{z}^2$, ..., solutions de l'équation :

$$\sum_{i=1}^{p} A_i \mathbf{z} = \mu \mathbf{z}$$

Pour des tableaux d'indicatrices, cette généralisation possède la propriété remarquable suivante :

(1) Étude réalisée par D. Raimondi et C. Chappe du CEO (organisme chargé à l'époque des enquêtes d'audience auprès des téléspectateurs).

Rechercher les valeurs propres et les vecteurs propres de ΣA_i revient à effectuer une analyse des correspondances sur le tableau disjonctif considéré comme un tableau de contingence.

De manière précise, si on effectue l'analyse des correspondances sur X, les coordonnées des individus-lignes sur les axes principaux et les valeurs propres associées sont les vecteurs propres et les valeurs propres de $\frac{1}{p}\sum_{i=1}^{p} A_i$.

La démonstration se fait en recourant à l'écriture explicite des projecteurs A_i :

$$A_i = X_i\,({}^tX_iDX_i)^{-1}\,{}^tX_iD$$

On vérifie alors sans difficulté que $\frac{1}{p}\,\Sigma A_i$ est identique au produit de deux tableaux de profils associés à X (voir II, 2 de ce chapitre). L'analyse des correspondances multiples revient donc à effectuer une analyse des correspondances formelles sur le tableau disjonctif X, bien que ce ne soit pas un vrai tableau de contingence, ce qui permet d'obtenir des représentations simultanées de toutes les modalités de tous les caractères en projetant les points-colonnes de X sur les plans principaux.

Les caractères **z** ont pour propriété de rendre maximale la somme des carrés des rapports de corrélation avec les p caractères qualitatifs. $\sum_i \eta^2(\mathbf{z}, x^i)$ est maximal.

Si on se souvient qu'en ACP normée ($M = D_{1/s^2}$) les composantes principales **c** rendent maximales $\Sigma r^2(\mathbf{c}, \mathbf{x}^i)$, on voit alors que l'AFC multiple est l'équivalent d'une ACP où les p caractères seraient qualitatifs.

On représente alors les modalités des p caractères par les centres de gravité des individus qui les possèdent. Les résultats s'interprètent comme ceux d'une analyse des correspondances ordinaire, à ceci près que la notion de part d'inertie expliquée perd de son intérêt car dans ce type d'analyse les valeurs propres ne représentent toujours qu'une faible partie de la trace.

En ôtant la valeur triviale 1, l'inertie totale $\mathcal{I}$ vaut $\mathcal{I} = \text{Trace}\left(\frac{1}{p}\,\Sigma A_i\right) - 1$ soit $\frac{1}{p}\,\Sigma\,\text{Trace}\,A_i - 1$. La trace de A_i valant m_i (son rang) on trouve $\mathcal{I} = \frac{1}{p}\,\Sigma\, m_i - 1$, c'est-à-dire le nombre moyen de modalités moins 1, le premier facteur représente une part d'inertie nécessairement inférieure à l'inverse de $\mathcal{I}$.

— Si les *p* caractères ont 5 modalités en moyenne le premier facteur ne pourra jamais dépasser 25 % de l'inertie.

— Le tableau de contingence des baccalauréats donnait une première valeur propre représentant 56 % de l'inertie. Le passage à la forme disjonctive donnerait une trace de $14 = \left(\frac{22 + 8}{2} - 1\right)$ et le premier facteur ne peut extraire plus de 1/4 de l'inertie, soit 7,1 % (en réalité on trouver 3,96 %), alors qu'il a la même signification et donne la même configuration des individus (à l'échelle près) que celui du tableau de contingence.

Il est d'usage de séparer les caractères en deux groupes : les caractères actifs dont le tableau disjonctif est seul soumis à une analyse des correspondances et les caractères passifs ou illustratifs dont les modalités sont représentées en éléments supplémentaires sur les graphiques (barycentres des individus les possédant) mais n'ont pas servi à la détermination des axes.

Dans un questionnaire, les caractères actifs sont en général ceux qui décrivent plus ou moins objectivement un individu (profession, âge, sexe...), les caractères passifs correspondent aux questions constituant le sujet même de l'enquête (« Avez-vous regardé tel film ? ») que l'on veut relier aux questions du premier groupe mais pas nécessairement entre elles.

Les avantages de cette pratique sont multiples :

— On fait apparaître les liaisons intéressantes entre caractères étudiés et caractères descriptifs plus rapidement qu'en compulsant des tableaux croisés.

— Dans le cas d'un grand questionnaire on économise un temps de calcul considérable car l'analyse n'a pas besoin d'être effectuée sur la totalité des tableaux des réponses mais seulement sur une partie.

3. **Un exemple.** — Nous donnerons ici les résultats simplifiés de l'enquête sur les films de la télévision. 12 caractères étaient actifs totalisant 53 modalités dont notamment :

L'âge (5 modalités)

AG1	AG2	AG3	AG4	AG5
5-24 ans	25-34 ans	35-49 ans	50-64 ans	65 et plus

La profession (10 modalités)

CI1	CI2	CI3	CI4	CI5
petit patron	profession libérale cadre supérieur	cadre moyen	employé	ouvrier qualifié

CI6	CI7	CI8	CI9	CI10
o.s.	élève étudiant	femme au foyer	retraité	agriculteur

Le nombre d'adultes au foyer (3 modalités)

A1	A2	A3
1 adulte	2 adultes	3 et plus

Le diplôme (4 modalités)

DI0	DI1	DI2	DI3
sans diplôme	inférieur au bac	bac ou supérieur	encore à l'école

Le sexe (2 modalités)

H	F

L'inertie totale valait donc $\frac{53}{12} - 1 = 3{,}42$.

Les premières valeurs propres sont :

0,340 (9,96 %)
0,285 (8,35 %)
0,249 (7,30 %).

En se limitant au plan principal 1-2, on interprète les axes de la manière suivante (les contributions ne sont pas reproduites ici).

— L'axe 1 sépare, à gauche du graphique, les téléspectateurs de plus de 65 ans (AG5), retraités (CI9), seuls (A1) des téléspectateurs de 15 à 24 ans (AG1), élèves ou étudiants (CI7) encore à l'école (DI3) qui sont à droite du graphique.

— L'axe 2 isole en haut les téléspectateurs d'instruction supérieure (DI2), cadres ou professions libérales (CI2, CI3), de 25 à 34 ans (AG2), de l'ensemble des autres catégories, en particulier des agriculteurs (CI0) et de sans diplômes (DI0).

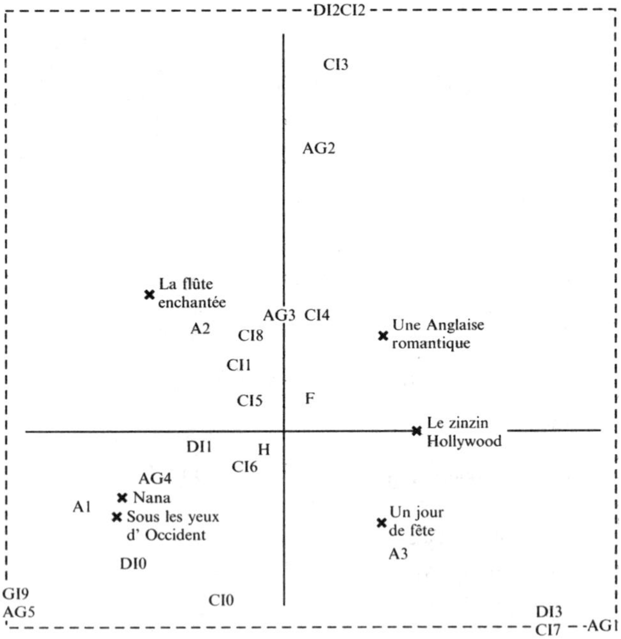

Au centre du graphique on trouve le téléspectateur « moyen » de l'échantillon qui correspond aux ouvriers (CI5, CI6).

Le sexe du téléspectateur ne semble pas être un caractère très discriminant. Sur cette grille d'interprétation qui permet de structurer l'échantillon selon deux axes (âge, niveau culturel), il suffit maintenant de projeter les réponses concernant la vision des différents films (centre de gravité des individus prenant la modalité « vu en totalité ») pour caractériser rapidement leur public. Bien entendu une étude détaillée doit prendre en compte les axes 3, 4, etc. (l'axe 4 était ici caractéristique des agriculteurs). Les films tous publics se situant au centre du graphique tandis que les films qui intéressent seulement certaines catégories de téléspectateurs se détachent nettement : ainsi *La flûte enchantée*, opéré filmé, se situe dans le quart nord-ouest du graphique (téléspectateurs cultivés et âgés), *Sous les yeux d'Occident*, de Y. Allégret avec P. Fresnay (1936), et *Nana* avec Martine Carole (1955) sont situés dans le quart sud-ouest (téléspectateurs moins cultivés et âgés), tandis que *Un jour la fête*, comédie musicale avec M. Fugain (1975), semble caractéristique des téléspectateurs jeunes d'un milieu peu cultivé et le *Zinzin d'Hollywood* de Jerry Lewis sur l'axe 1 à droite a dû être vu par des jeunes de tous les milieux.

IV. — Conclusion : vers l'analyse non linéaire des données

La mise sous forme disjonctive est bien plus qu'une commodité mathématique et cela pour diverses raisons. Puisqu'un caractère numérique peut être transformé en un caractère qualitatif par décou page en classes de ses valeurs (ex. : le caractère âge découpé en classes d'âge), il est possible d'étudier des tableaux comportant un mélange de caractères numériques et qualitatifs : il suffit de tout rendre qualitatif et d'effectuer une analyse des correspondances multiples. A la limite un tableau individus-caractères numériques que l'on étudie usuellement par l'analyse en composantes principales peut être rendu qualitatif, mis sous forme disjonctive et soumis à une analyse des correspondances. Une telle démarche peut surprendre puisqu'à première vue on perd de l'information en rendant qualitatif un caractère numérique. L'intérêt est qu'en procédant ainsi on peut prendre en compte des liaisons non linéaires éventuelles entre caractères. En effet, l'ACP repose essentiellement sur l'étude des corrélations ; or le coefficient de corrélation ne mesure que la forme plus ou moins linéaire de la dépendance entre deux caractères. Un coefficient de corrélation voisin de zéro ne signifie pas forcément qu'il y a indépendance ; il peut exister une relation non linéaire, parabolique par exemple. De plus, la recherche des composantes principales est limitée par principe aux combinaisons linéaires des caractères initiaux.

Par contre, lorsque l'on transforme un caractère numérique en caractère qualitatif et que l'on considère toutes les combinaisons linéaires des indicatrices (c'est-à-dire toutes les quantifications possibles), on envisage en fait toute une gamme de fonctions autres que linéaires transformant un caractère numérique en un autre caractère numérique. On conçoit alors que l'étude des relations linéaires entre des fonctions non linéaires des caractères revient à celle des relations non linéaires entre caractères.

Chapitre VI

L'ANALYSE DISCRIMINANTE

Sous ses différentes formes – analyse factorielle discriminante ou analyse discriminante décisionnelle – cette méthode connaît de nombreuses applications. Elle permet de mettre en évidence les liaisons existant entre un caractère à expliquer qualitatif et un ensemble de caractères explicatifs quantitatifs.

L'analyse factorielle discriminante permet, à l'aide d'une visualisation sur un plan factoriel approprié, de décrire les liaisons entre le caractère à expliquer et les caractères explicatifs. L'analyse discriminante décisionnelle permet de prévoir les modalités du caractère à expliquer à partir des valeurs prises par les caractères explicatifs.

I. — L'analyse factorielle discriminante

1. **Présentation de la méthode.** — Considérons un ensemble d'individus sur lequel on observe un caractère qualitatif prenant q modalités. Chaque individu étant repéré par une seule modalité de ce caractère, on a ainsi défini une partition de l'ensemble des individus en q classes disjointes. Par ailleurs, on mesure sur les mêmes individus p caractères quantitatifs. On se pose le problème suivant : les q classes diffèrent-elles sur l'ensemble des caractères quantitatifs ? Le but de

l'analyse factorielle discriminante (AFD) est de répondre à cette question. Mais précisons ce problème à l'aide d'un exemple.

Dans une expérience réalisée par J.-C. Amiard, 23 poissons sont répartis dans trois aquariums soumis à différents niveaux de contamination.

On désire déterminer dans quelle mesure la contamination des poissons est liée à l'intensité de la radiocontamination. Le caractère qualitatif prend ici trois modalités : l'appartenance à l'un des trois aquariums. On mesure les quinze caractères quantitatifs suivants :

x^1	YEU	Radioactivité des yeux
x^2	BR	Radioactivité des branchies
x^3	OP	Radioactivité des opercules
x^4	NAG	Radioactivité des nageoires
x^5	FOI	Radioactivité du foie
x^6	TUB	Radioactivité du tube digestif
x^7	EC	Radioactivité des écailles
x^8	MUS	Radioactivité des muscles
x^9	POI	Poids
x^{10}	LON	Longueur
x^{11}	LONS	Longueur standard
x^{12}	LART	Largeur de la tête
x^{13}	LAR	Largeur
x^{14}	LARM	Largeur du museau
x^{15}	DYEU	Diamètre des yeux

De même qu'en analyse en composantes principales, on détermine un nouveau caractère, combinaison linéaire des anciens caractères. Cependant, il ne s'agit plus d'obtenir un caractère de variance maximale mais séparant au mieux les trois groupes entre eux. Plus précisément, on désire que ce nouveau caractère prenne des valeurs :

— les plus voisines possible pour les individus appartenant à un même groupe ;
— les plus différentes pour des individus appartenant à des groupes distincts.

Ainsi sur l'exemple suivant, trois groupes sont représentés sur le plan des deux caractères x^1 et x^2.

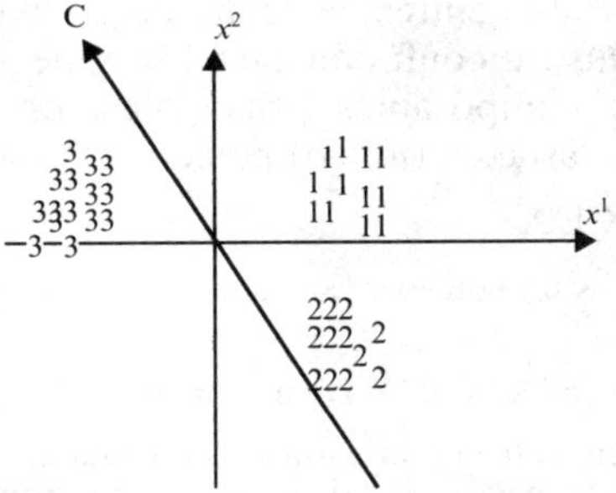

Les groupes 1 et 3 se confondent sur le caractère x^2 et 1 et 2 sur x^1. On voit par contre que le caractère $c = 0{,}8\, x^2 - 0{,}6\, x^1$ sépare en projection les trois groupes. Un seul caractère, combinaison linéaire des anciens, permet d'expliciter les différences entre groupes sur les deux caractères d'origine.

2. **Formulation géométrique.** — Trois présentations de l'AFD sont couramment utilisées. On peut en effet montrer que cette méthode est un cas particulier de l'analyse en composantes principales ou de l'analyse canonique. Nous préférons commencer par une présentation directe et, dans un deuxième temps, mettre en évidence les relations avec les méthodes présentées précédemment.

A) *Approche directe.*

a) Variances intraclasse et interclasse. — On observe les valeurs prises par i caractères centrés, notés $\mathbf{x}^1, \ldots, \mathbf{x}^j, \ldots, \mathbf{x}^p$ sur n individus. Chaque individu est muni d'un poids $p_i > 0$ avec :

$$\sum_{i=1}^{n} p_i = 1$$

Dans l'espace des individus $\mathbf{R}^p$, chaque observation est repérée par un vecteur $(x_i^1, \ldots, x_i^j, \ldots, x_i^p)$. Les caractères étant centrés, le centre de gravité du nuage des individus est confondu avec l'origine. Comme en analyse en composantes principales, on calcule la matrice de variance (totale) notée :

$$V = {}^t X\, DX$$

Considérons un nouveau caractère $\mathbf{c} = X\mathbf{u}$ dont la variance est égale à :

$$\|\mathbf{c}\|^2 = {}^t\mathbf{c}\, D\mathbf{c} = {}^t\mathbf{u}\, {}^tX\, DX\mathbf{u} = {}^t\mathbf{u}V\mathbf{u}$$

Nous allons voir que la variance de ce caractère peut être décomposée en deux : *variance interclasse*, provenant de la dispersion des centres de gravité des q classes autour de l'origine et *variance intraclasse* provenant de la dispersion des individus d'une classe autour de leur centre de gravité.

A chaque classe, on associe son centre de gravité, $\mathbf{g}_1, \ldots, \mathbf{g}_k, \ldots, \mathbf{g}_q$ et son poids $P_1, \ldots, P_k, \ldots, P_q$.

Par définition, le poids d'une classe est égal à la somme des poids des observations leur appartenant.

Soit W_k la matrice de variance des p caractères calculée sur les individus de la k-ième classe.

Posons :

$$W = \sum_{k=1}^{q} p_k W_k$$

W est appelée *matrice de variance intraclasse*..

Soit enfin B la matrice de variance des p caractères calculée sur le nuage des q centres de gravité munis de leurs poids respectifs. B est appelée *matrice de variance interclasse.*

On montre alors facilement la relation :

$$V = W + B$$

La variance du caractère $\mathbf{c}$ s'écrit donc :

$$\|\mathbf{c}\|^2 = {}^t\mathbf{u}V\mathbf{u} = {}^t\mathbf{u}W\mathbf{u} + {}^t\mathbf{u}B\mathbf{u}$$

Ainsi la variance d'un caractère se décompose en une somme de deux termes :

— ${}^t\mathbf{uBu}$, variance interclasse liée à la dispersion des centres de gravité des classes autour de l'origine ;

— ${}^t\mathbf{uWu}$, variance intraclasse liée à la dispersion des observations appartenant à une classe autour de leurs centres de gravité respectifs.

b) Recherche des facteurs discriminants. — Soit un caractère $\mathbf{c} = X\mathbf{u}$. Nous considérons que ce caractère est parfaitement discriminant s'il prend la même valeur sur tous les individus d'une même classe et des valeurs différentes sur des individus appartenant à des classes distinctes.

Dans ce cas, ${}^t\mathbf{uWu} = 0$ puisqu'à l'intérieur de chaque classe, le caractère est constant et, par conséquent, ${}^t\mathbf{u}V\mathbf{u} = {}^t\mathbf{uBu}$.

Choisir le meilleur caractère discriminant revient donc à maximiser ${}^t\mathbf{uBu}$, c'est-à-dire la variance interclasse de ce caractère.

En pratique, puisque la somme de la variance interclasse et de la variance intraclasse est constante, on maximise le rapport entre la variance interclasse et la variance totale qui peut alors s'interpréter en terme de pourcentage.

Par définition, le premier *caractère discriminant* est $\mathbf{c} = X\mathbf{u}$ tel que la quantité ${}^t\mathbf{uBu}/{}^t\mathbf{u}V\mathbf{u}$ soit maximum.

Remarquons que, dans l'exemple précédent (discrimination parfaite), ce rapport serait égal à 1.

Remarquons également que :

$$\frac{{}^t\mathbf{uBu}}{{}^t\mathbf{u}V\mathbf{u}} + \frac{{}^t\mathbf{uWu}}{{}^t\mathbf{u}V\mathbf{u}} = 1$$

et que, puisque les deux quantités de gauche sont positives, il est équivalent de maximiser le premier rapport ou de minimiser le second. De plus ces quantités sont comprises entre 0 et 1.

Explicitons maintenant le calcul des facteurs discriminants. **u** doit maximiser la quantité :

$$\lambda = \frac{{}^t\mathbf{u}\mathrm{B}\mathbf{u}}{{}^t\mathbf{u}\mathrm{V}\mathbf{u}} \quad (0 \leq \lambda \leq 1)$$

Utilisant la même technique qu'en analyse en composantes principales, nous écrivons que, au maximum recherché, la dérivée du quotient par rapport aux différentes composantes de **u** doit être nulle :

$$2({}^t\mathbf{u}\mathrm{V}\mathbf{u})\mathrm{B}\mathbf{u} - 2({}^t\mathbf{u}\mathrm{B}\mathbf{u})\mathrm{V}\mathbf{u} = 0$$

$$\mathrm{B}\mathbf{u} = \left(\frac{{}^t\mathbf{u}\mathrm{B}\mathbf{u}}{{}^t\mathbf{u}\mathrm{V}\mathbf{u}}\right)\mathrm{V}\mathbf{u} = \lambda\mathrm{V}\mathbf{u}$$

$$\mathrm{V}^{-1}\mathrm{B}\mathbf{u} = \lambda\mathbf{u}$$

u doit donc être vecteur propre de $\mathrm{V}^{-1}\mathrm{B}$ et sa valeur propre λ doit être la plus grande puisqu'elle représente la quantité à maximiser.

Soit $\mathbf{u}^1$ la solution.

$\mathbf{u}^1$ est appelé *premier facteur discriminant*, λ_1 est son *pouvoir discriminant*.

Le premier caractère discriminant $\mathbf{c}^1 = \mathrm{X}\mathbf{u}^1$ étant obtenu, on recherche $\mathbf{c}^2 = \mathrm{X}\mathbf{u}^2$ non corrélé à $\mathbf{c}^1$ tel que le rapport $\frac{{}^t\mathbf{u}\mathrm{B}\mathbf{u}}{{}^t\mathbf{u}\mathrm{V}\mathbf{u}}$ soit maximum et ainsi de suite.

On montre aisément que $\mathrm{W}^{-1}\mathrm{B}$ a les mêmes vecteurs propres que $\mathrm{V}^{-1}\mathrm{B}$ mais pour valeurs propres $\lambda/(1-\lambda)$ (solution utilisée par les auteurs anglo-saxons).

On montre que les vecteurs propres de $\mathrm{V}^{-1}\mathrm{B}$ notés $\mathbf{u}^1, \mathbf{u}^2, \ldots, \mathbf{u}^{q-1}$ rangés dans l'ordre décroissant des valeurs propres positives $\lambda_1, \ldots, \lambda_{q-1}$ sont les solutions successives de ce problème.

Remarquons qu'il y a au plus $q-1$ valeurs propres différentes de zéro, puisque B est une matrice de variance calculée à partir de q vecteurs de $\mathbf{R}^p$ (les q centres de gravité) et que la somme pondérée de ces q centres de gravité est le vecteur nul. Lorsqu'il n'y a que deux groupes, l'unique facteur discriminant est donné par $\mathbf{u} = V^{-1}(\mathbf{g}_2 - \mathbf{g}_1)$ ou $W^{-1}(\mathbf{g}_2 - \mathbf{g}_1)$ qui lui est proportionnel.

Remarquons enfin que le pouvoir discriminant ne dépend pas de la normalisation des caractères, cependant, on considérera généralement des caractères de variance unité (réduite).

B) *L'analyse factorielle discriminante est un cas particulier de l'analyse en composantes principales.* — On voit très facilement que l'AFD est une analyse en composante principale du nuage des q centres de gravité munis de leur poids dans l'espace $\mathbf{R}^p$ avec pour métrique V^{-1}.

Il suffit pour cela d'appliquer les résultats du chapitre II.

On considère q points dans $\mathbf{R}^p$: $\mathbf{g}_1, \mathbf{g}_2, \ldots, \mathbf{g}_q$.

Chaque centre de gravité est muni du poids de sa classe.

Soient G la matrice contenant en ligne les q centres de gravité et D_p la matrice diagonale du poids des classes. La matrice de variance associée à ce nuage est :

$$B = {}^tG\, D_p\, G$$

Supposons maintenant que $\mathbf{R}^p$ est muni de la métrique $M = V^{-1}$, inverse de la matrice de variance totale. On a vu que les facteurs principaux étaient les vecteurs propres de $V^{-1}B$ associés aux plus grandes valeurs propres :

$$V^{-1}B\mathbf{u} = \lambda\mathbf{u}$$

On retrouve bien les équations de l'AFD.

Utilisant cette présentation, il est difficile de justifier le choix de la métrique V^{-1}, ou même de montrer que les valeurs propres sont comprises entre zéro et un. C'est pourquoi nous lui avons préféré l'approche directe.

C) *L'analyse factorielle discriminante est un cas particulier de l'analyse canonique.* — Nous allons maintenant montrer que l'AFD est une analyse canonique entre les deux ensembles de caractères $\mathbf{x}^1, \ldots, \mathbf{x}^j, \ldots, \mathbf{x}^p$ centrés et $\mathbf{y}^1, \ldots, \mathbf{y}^k, \ldots, \mathbf{y}^q$ non centrés.

Les caractères du deuxième ensemble représentent les variables indicatrices associées aux q modalités du caractère qualitatif. Pour cela nous allons simplement montrer que les facteurs canoniques associés aux variables $\mathbf{x}^j$ sont identiques aux facteurs discriminants.

Les facteurs canoniques doivent vérifier (cf. chap. IV) l'équation :

$$V_{11}^{-1} V_{12} V_{22}^{-1} V_{21} \mathbf{u} = \lambda \mathbf{u}$$

Dans cette équation on a :

$$V_{11} = {}^t X\, DX = V$$
$$V_{22} = {}^t Y\, DY$$
$$V_{12} = {}^t X\, DY$$
$$V_{21} = {}^t Y\, DX$$

On voit facilement que V_{22} est la matrice diagonale de poids des classes :

$$V_{22} = D_p$$

On peut également vérifier que :

$$V_{12} = {}^t X\, DY = {}^t G\, D_p$$

Par conséquent, l'équation des facteurs canoniques devient :

$$V^{-1}\, {}^t G\, D_p\; D_p^{-1}\, D_p\, G\mathbf{u} = \lambda \mathbf{u}$$

et comme $B = {}^t G\, D_p G$, il vient :

$$V^{-1} B\mathbf{u} = \lambda \mathbf{u}$$

On retrouve bien les équations de l'AFD. Le pouvoir discriminant λ peut donc être interprété en terme de corrélation canonique. Remarquons que, contrairement à ce que nous avons fait en analyse canonique, nous n'avons pas supposé que les caractères $\mathbf{y}^k$ étaient centrés : on montre en effet facilement que la solution obtenue ne dépend pas du centrage de $\mathbf{y}$.

L'analyse discriminante peut donc être présentée comme une analyse canonique entre l'ensemble des variables indicatrices associées au caractère à expliquer et l'ensemble des caractères explicatifs.

Une fois de plus, l'analyse canonique apparaît comme une méthode générale permettant de décrire les liaisons entre deux ensembles de caractères.

3. **Les résultats et leur interprétation.** — Reprenons l'exemple des poissons d'Amiard.

Le tableau ci-dessous contient les valeurs moyennes des quinze variables sur la population totale et sur chacune des trois classes.

	Population	*Classe 1*	*Classe 2*	*Classe 3*
YEU	15,4	8,2	15,5	23,6
BR	105	57	108,3	156,3
OP	109,1	52,3	79,5	207,9
NAG	164,9	91,1	133,1	285,4
FOI	27,2	15,2	33,5	33,7
TUB	281,6	162,6	341,9	348,7
EC	297,7	144	206,8	515,7
MUS	3,3	1,7	4,7	3,4
POI	82,1	82,2	75,4	78,1
LON	190,5	197,1	187,5	186,3
LONS	170,7	177,8	165,6	168,4
LART	42,8	44,7	41,6	41,8
LARM	13,6	13,4	14	13,3
DYEU	9,7	9,7	9,9	9,6
Effectif	23	8	8	7

En moyenne, la radioactivité des poissons du premier groupe (poissons les plus gros) est nettement plus forte.

La matrice de corrélation totale est reproduite page 119.

	YEU	BR	OP	NAG	FOI	TUB	EC	MUS	POI	LON	LONS	LART	LAR	LARM	DYEU
YEU	1,00														
BR	0,88	1,00													
OP	0,86	0,83	1,00												
NAG	0,88	0,83	0,96	1,00											
FOI	0,70	0,59	0,37	0,50	1,00										
TUB	0,22	0,28	0,29	0,31	0,24	1,00									
EC	0,74	0,75	0,81	0,83	0,42	0,26	1,00								
MUS	0,36	0,51	0,14	0,22	0,57	– 0,01	0,36	1,00							
POI	– 0,39	– 0,31	– 0,20	– 0,30	– 0,44	– 0,16	– 0,38	– 0,28	1,00						
LON	– 0,38	– 0,26	– 0,23	– 0,34	– 0,33	– 0,18	– 0,42	– 0,14	0,94	1,00					
LONS	– 0,36	– 0,26	– 0,19	– 0,29	– 0,40	– 0,24	– 0,40	– 0,18	0,94	0,95	1,00				
LART	– 0,35	– 0,25	– 0,22	– 0,31	– 0,36	– 0,25	– 0,39	– 0,15	0,95	0,94	0,93	1,00			
LAR	– 0,37	– 0,28	– 0,14	– 0,26	– 0,49	– 0,15	– 0,29	– 0,29	0,93	0,83	0,83	0,86	1,00		
LARM	– 0,15	– 0,02	– 0,09	– 0,15	– 0,16	– 0,04	– 0,19	0,22	0,75	0,76	0,71	0,72	0,68	1,00	
DYEU	– 0,41	– 0,36	– 0,25	– 0,30	– 0,44	0,06	– 0,39	– 0,31	0,80	0,68	0,63	0,71	0,84	0,62	1,00

On constate que les variables mesurant la radioactivité sont toutes assez fortement corrélées positivement entre elles et négativement aux variables de taille.

Puisque $q = 3$, il y a au plus deux facteurs discriminants. Les pouvoirs discriminants des deux facteurs sont $\lambda_1 = 0{,}979$ et $\lambda_2 = 0{,}849$.

A l'aide des deux caractères discriminants, on construit comme en analyse en composantes principales une représentation des individus (les poissons). Les poissons du groupe 1 sont représentés par le chiffre 1 et leur centre de gravité par le point G1 (respectivement 2, G2 et 3, G3).

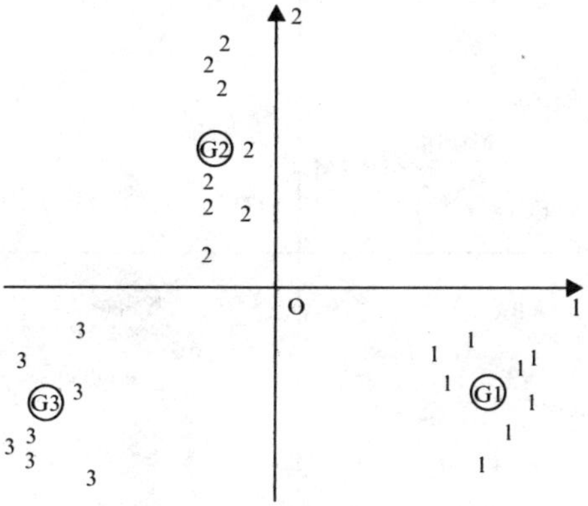

On constate que le premier facteur sépare très bien les trois groupes entre eux, le deuxième opposant le groupe 2 aux groupes 1 et 3.

L'interprétation des facteurs peut se faire comme en analyse en composantes principales en calculant les corrélations entre facteurs et caractères observés (tableau ci-après) et en représentant le cercle des corrélations.

Facteurs

	1	*2*		*1*	*2*
YEU	– 0,84	– 0,16	POI	0,25	– 0,16
BR	– 0,80	– 0,11	LON	0,27	– 0,08
OP	– 0,81	– 0,49	LONS	0,29	– 0,21
NAG	– 0,84	– 0,47	LART	0,28	– 0,14
FOI	– 0,51	0,21	LAR	0,13	– 0,10
TUB	– 0,33	0,13	LARM	– 0,01	0,14
EC	– 0,70	– 0,29	DYEU	0,06	0,13
MUS	– 0,32	0,36			

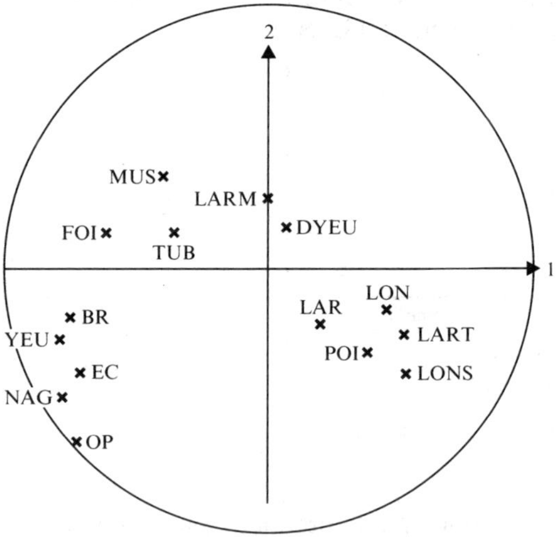

Le premier facteur oppose les caractères de taille aux caractères de radioactivité des tissus durs. Les caractères de radioactivité des tissus mous sont au milieu sur le premier facteur mais se différencient sur le deuxième. On constate que les poissons du groupe 1, les plus gros, se différencient sur le premier facteur et sont les moins contaminés.

Les poissons du groupe 2 se différencient par une plus forte contamination des muscles et sont en position intermédiaire sur la plupart des autres caractères.

II. — Analyse discriminante décisionnelle

1. **Présentation du problème.** — On se pose maintenant le problème suivant : est-ce que la seule connaissance des caractères explicatifs permet de réaffecter un individu dans son groupe d'appartenance défini par le caractère à expliquer ? Plus généralement, supposons que, sur un individu, on ne connaisse que les caractères explicatifs. On sait que cet individu appartient à l'un des groupes définis par le caractère à expliquer mais on ignore lequel. Est-il possible de l'affecter à l'un des groupes et ceci avec un risque d'erreur minimum ?

Ce type de problème se rencontre très fréquemment dans la pratique et nous allons l'illustrer à l'aide de deux exemples.

A) *La prévision des avalanches.* — Dix-sept paramètres météorologiques, les uns directement observables, les autres calculés, ont été relevés pendant 257 jours sur un site donné (de novembre à avril environ pendant quinze ans) ainsi que la présence ou l'absence d'avalanches. Le caractère à expliquer prend donc deux modalités (A = avalanche ou $\bar{A}$: non-avalanche) et l'on dispose de 17 caractères explicatifs tous quantitatifs.

On cherche alors une fonction de ces 17 caractères permettant (comme la régression mais ici le caractère à expliquer est qualitatif) d'expliquer le caractère avalanche - non-avalanche : ceci revient à partager l'espace $\mathbf{R}^{17}$ en deux régions R_A et $R_{\bar{A}}$.

Si on observe $\mathbf{x} \in R_A$ on affectera $\mathbf{x}$ à la classe A avalanche prévue, si $\mathbf{x} \in R_{\bar{A}}$ on affectera x à la classe $\bar{A}$.

On peut alors construire un tableau permettant d'évaluer l'efficacité de la règle :

		Prévision	
		Avalanche	Non-avalanche
État de la nature	Avalanche	38	19
	Non-avalanche	247	2 267

Précisons ici qu'il s'agissait d'une étude préliminaire réalisée sur des données incomplètes puisque de nombreux caractères explicatifs potentiels n'avaient pas été recueillis. Cependant, les résultats sont assez encourageants. Les auteurs (1) envisagent, sur un fichier enrichi, de mettre au point une règle de décision pouvant être utilisée ensuite comme instrument de prévision en temps réel : on effectue des mesures sur le terrain, ces mesures sont prises en compte immédiatement et on en déduit une prévision du risque d'avalanche.

B) *Le « credit-scoring ».* — Prenons maintenant le cas d'un organisme financier cherchant à affecter au mieux la masse de crédit dont il dispose. Il cherche logiquement à accorder ses prêts aux demandeurs qui

(1) G. Der Megreditchian, Approche statistique du problème d'évaluation des risques d'avalanche, *La Météorologie*, décembre 1975, VIe série, n° 3.

ont la plus forte probabilité d'être des bons clients et à rejeter les demandeurs qui ont une bonne chance de terminer au contentieux. Chaque candidat au prêt doit remplir un dossier dont on extrait les caractères explicatifs. Sur un échantillon de dossiers acceptés, on observe le comportement des clients qui sont ensuite répartis en deux catégories, les bons et les mauvais, ou en trois catégories : les bons, les douteux, les mauvais.

L'analyse discriminante permet alors d'élaborer une règle de décision utilisée dans un deuxième temps pour sélectionner les bons demandeurs. Notons que dans ce cas, la plupart des caractères explicatifs sont qualitatifs.

2. **Techniques de résolution.** — Selon la nature des données et les hypothèses retenues, de nombreuses méthodes de discrimination ont été développées. Nous en citerons deux : la méthode géométrique, qui consiste à affecter un individu au groupe dont le centre de gravité est le plus proche et la méthode bayésienne (1) qui consiste à affecter un individu au groupe le plus probable.

III. — Conclusions

L'analyse discriminante, factorielle ou décisionnelle est l'une des méthodes les plus opérationnelles de l'analyse des données. Outre la météorologie (prévision de phénomènes graves) et le *credit-scoring*, de

(1) Du nom de Thomas Bayes (1701-1761), auteur de profonds travaux sur les probabilités conditionnelles. On pourra consulter les livres de Tomassone *et al.* et de Celeux & Nakache cités en bibliographie.

nombreuses disciplines utilisent cette approche : en médecine pour l'aide au diagnostic, en vente par correspondance pour sélectionner les clients potentiels les plus intéressants, en recherche minière pour détecter la présence des gisements, etc.

Les travaux récents portent sur l'utilisation des variables qualitatives et sur la sélection automatique d'un sous-ensemble des caractères explicatifs.

BIBLIOGRAPHIE

I. — *Ouvrages en langue française*

Bardos M., *Analyse discriminante,* Dunod, 2001.

Benzécri (J.-P.) et coll., *L'analyse des données* ; t. 1 : *La taxinomie* ; t. 2 : *L'analyse des correspondances,* 3e éd., Dunod, 1979.

Benzécri (J.-P.), *Histoire et préhistoire de l'analyse des données,* Dunod, 1983.

Benzécri (J.-P.) et coll., *La pratique de l'analyse des données* ; t. I : *Analyse des correspondances, exposé élémentaire,* Dunod, 1983 ; t. II : *Abrégé théorique, études de cas modèles,* Dunod, 1980, t. V : *Économie,* Dunod, 1987.

Bertier (P.), Bouroche (J.-M.), *Analyse des données multidimensionnelles,* PUF, 2e éd., 1977.

Bouroche (J.-M.), *Analyse des données en marketing,* Masson, 1977.

Bry (X.), *Analyses factorielles simples,* Economica, 1995.

Cailliez (F.), Pagès (J.-P.), *Introduction à l'analyse des données,* Smash, 1976.

Celeux (G.), Diday (E.), Ralambondrainy (H.), Lechevallier (Y.), Govaert (G.), *Classification automatique des données,* Dunod, 1989.

Cibois (P.), *L'analyse factorielle,* coll. « Que sais-je ? », PUF, 5e éd., 2000.

Crucianu (M.), Asselin de Beauville (J.-P.), Bone (R.), *Méthodes factorielles pour l'analyse des données,* Hermès-Lavoisier, 2004.

Diday (E.), Lemaire (J.), Pouget (P.), Testu (F.), *Éléments d'analyse des données,* Dunod, 1983.

Droesbejk (J. J.), Fichet (B.), Tassi (P.) (éd.), *Modèles pour l'analyse des données multidimensionnelles,* Economica, 1992.

Escofier (B.), Pages (J.), *Analyses factorielles simples et multiples,* Dunod, 1988.

GERI, *Analyses des données évolutives,* Technip, 1996.

Govaert (G.) (éd.), *Analyse des données,* Hermès, 2003.

Lebeaux (M.-O.), Jambu (M.), *Classification automatique pour l'analyse des données* ; t. I : *Méthodes et algorithmes* ; t. II : *Logiciels,* Dunod, 1978.

Lebart (L.), Morineau (A.), Piron (M.), *Statistique exploratoire multidimensionnelle,* Dunod, 1995.

Lebart (L.), Salem (A.), *Statistique textuelle,* Dunod, 1994.

Lerman (I. C.), *Les bases de la classification automatique,* Gauthier-Villars, 1970.

Lerman (I. C.), *Classification et analyse ordinale des données,* Dunod, 1981.

Moreau (J.), Doudin (P. A.), Cazes (P.), *L'analyse des correspondances et les techniques connexes,* Springer, 2000.
Nakache (J.-P.), Confais (J.), *Statistique explicative appliquée,* Technip, 2003.
Nakache (J.-P.), Confais (J.), *Approche pragmatique de la classification,* Technip, 2004.
Saporta (G.), *Probabilités, analyse des données et statistique,* Technip, 1990.
Tenenhaus (M.), *Méthodes statistiques en gestion,* Dunod, 1994.
Thiria (S.), Lechevallier (Y.), Gascuel (O.), Canu (S.), *Statistique et méthodes neuronales,* Dunod, 1997.
Volle (M.), *Analyse des données,* Economica, 2e éd., 1981.

II. — *Ouvrages en langue anglaise*

Anderberg (M. R.), *Cluster analysis for applications,* Academic Press, 1973.
Anderson (T. W.), *An introduction to multivariate statistical analysis,* 3e éd., Wiley, 2003.
Gifi (A.), *Non linear multivariate analysis,* Wiley, 1990.
Gittins (R.), *Canonical analysis,* Springer, 1985.
Gnanadesikan (R.), *Methods for statistical data analysis of multivariate observations,* Wiley, 1977.
Green (B.), *Analyzing multivariate data,* Holt Rinehart Winston, 1978.
Greenacre (M. J.), *Theory and application of correspondence analysis,* Academic Press, 1984.
Greenacre (M. J.), *Correspondence analysis in the social sciences,* Academic Press, 1994.
Hastie (T.), Tibshirani (R.), Friedman (J.), *Elements of statistical learning,* Springer, 2001.
Jolliffe (I. T.), *Principal component analysis,* Springer Verlag, 1986.
Kroonenberg (P.), *Three-mode principal component analysis,* DSWO, 1983.
Kruskal (J. B.), Wish (M.), *Multidimensional scaling,* Sage, 1978.
Nishisato (S.), *Analysis of categorical data : dual scaling and its applications,* University of Toronto Press, 1980.
Takeuchi (K.), Yanai (N.), Mukherjee (B. N.), *The foundations of multivariate analysis,* Wiley Eastern, 1982.
Van der Heijden (P.), *Correspondence analysis of longitudinal categorical data,* DSWO, 1987.
Van Rijckevorsel (J.), Leeuw (J. de) (eds), *Component and correspondence analysis,* Wiley, 1988.

TABLE DES MATIÈRES

Imprimé en France
par Vendôme Impressions
Groupe Landais
73, avenue Ronsard, 41100 Vendôme
Décembre 2005 — N° 52 683